时装画
手绘 表现技法

从入门到精通 全解析

马建栋　丁 香 ◎ 著

东华大学 出版社

·上海·

图书在版编目（CIP）数据

时装画手绘表现技法：从入门到精通全解析 / 马建
栋, 丁香著. -- 上海：东华大学出版社, 2024.6
ISBN 978-7-5669-2377-6

Ⅰ.①时… Ⅱ.①马… ②丁… Ⅲ.①时装 – 绘画技
法 – 教材 Ⅳ.①TS941.28

中国国家版本馆CIP数据核字(2024)第108656号

策 划 编 辑：徐 建 红
责 任 编 辑：杜 燕 峰
书 籍 设 计：唐　　棣

出　　　　版：东华大学出版社（地址：上海市延安西路1882号　邮编：200051）
本 社 网 址：dhupress.dhu.edu.cn
天猫旗舰店：dhdx.tmall.com
销 售 中 心：021-62193056 62373056 62379558
印　　　　刷：中华商务联合印刷（广东）有限公司
开　　　　本：889mm×1194mm 1/16
印　　　　张：13
字　　　　数：450千字
版　　　　次：2024年6月第1版
印　　　　次：2024年6月第1次
书　　　　号：ISBN 978-7-5669-2377-6
定　　　　价：99.00元

Forword
前言

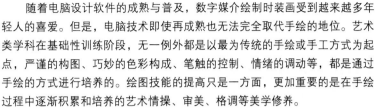

随着电脑设计软件的成熟与普及，数字媒介绘制时装画受到越来越多年轻人的喜爱。但是，电脑技术即使再成熟也无法完全取代手绘的地位。艺术类学科在基础性训练阶段，无一例外都是以最为传统的手绘或手工方式为起点，严谨的构图、巧妙的色彩构成、笔触的控制、情绪的调动等，都是通过手绘的方式进行培养的。绘图技能的提高只是一方面，更加重要的是在手绘过程中逐渐积累和培养的艺术情操、审美、格调等美学修养。

经过多年的教学实践与经验总结，我们认为在学习手绘时装画的初级阶段，需要重点训练以下几个方向：

（1）深度认知人体并建立自己的人体模型

服装设计是以人体为载体而展开的实用型设计门类，时装画是对人体与服装加以美化的艺术表现方式。人体表现对于初学者来讲至关重要，包含对人体比例、人体动态、人体局部结构等方面的熟练掌握。在学习时装画的初期阶段，切忌心急，应扎扎实实打好人体绘画基本功。

（2）了解并掌握多种绘图工具的基本性能绘制与技法

除了常用绘图工具、辅助工具外，其他工具也可以大胆尝试，目的主要有两点：一是从探索中找出自己最擅长、最适合的一种或几种绘图工具，为形成自我风格打下基础；二是从多种工具的绘图技法中提炼总结出属于自己的一套着色技法，提高工作效率。随着绘图水平的提升，还要突破思维界限，尝试任何能"在纸上留下痕迹"的工具、材料，使创作方式得以升华。

（3）掌握服装面料材质的表现手法

熟练应用常规面料、新型面料、再设计面料和跨界材质是服装设计师的基本功，将这些材质恰如其分地表现出来能更好地传达设计创意。初学者要仔细研究这些面料与材质的特征，借助画笔与技巧模拟表现。也可以说，对服装面料与材质的表现是建立在对绘图工具和技法的认知与掌握的基础上的。

（4）找到属于自己的时装绘画表达风格

设计师应该是独特的、个性鲜明的、与众不同的，这些特性体现在思维、性格、喜好等方方面面，进而体现在设计和绘画作品上。在学习时装画的前期阶段，模仿别人的技法与风格是快速进步的有效手段，但是，如何在不断学习的过程中，探索出属于自己的绘图风格是需要每一位设计师思考并为之努力的。

本教材由作者历时八年编著完成，作者倾注了大量的精力和情感，从上千张作品中优中选精，引导大家一步一步、循序渐进地完成时装画学习过程中不同阶段的任务，旨在给大家提供一个行之有效的学习方法；另外，鼓励大家在使用本教程的同时自由创新。希望大家能充分发挥和释放潜能与创造力，用轻松、自由、多样化的方式进行学习，以保持活跃的思维方式与积极的情绪，培养具有个性的时装画表现风格，形成主动的表现意识，为以后的职业生涯打下良好的基础。最后，由衷地感谢东华大学出版社的编辑和蔡苏凡老师为整本书的顺利出版所付出的心血。

马建栋 丁香

2024年5月

Contents 目录

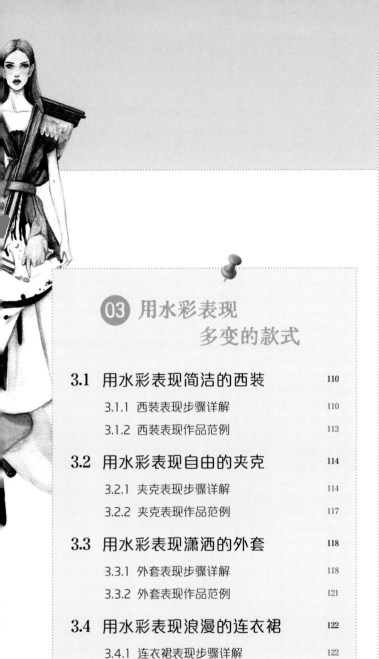

附录
时装画临摹范例

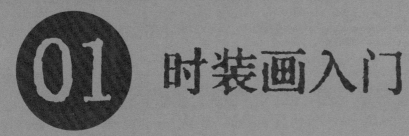

01 时装画入门

扫码看丁香老师绘制
时装画人体结构

1.1 时装画与时装设计

时装设计是一门综合、全面的实用艺术形式，很多初学者认为掌握了绘制时装画的技能，就等于学会了时装设计，这其实是一种误区。时装画是将设计师脑海中的设计意图具象化的关键步骤，而产生创新理念和将这种理念实践出来，则需要更多的技能。时尚行业也包罗万象，想要画好时装画，只掌握绘画技能是不够的，还必须学习更多与人体及时装相关的专业性知识。

1.1.1 时装设计的流程

创作时装画，只是时装设计过程中的"冰山一角"。想要成为一名合格的时装设计师，首先必须成为一名"杂家"。从前期的流行趋势调研和市场考察，到中期的设计开发、打样生产，再到后期的产品推广和市场反馈，虽然设计师并不需要在每个流程都亲力亲为，但对各个环节都要有相当程度的了解，甚至要具有统筹协调的能力。

·设计调研 这是一个信息爆炸的时代，大众对时尚的敏感达到了前所未有的程度。只有掌握足够的信息，明确设计的目的，设计起来才会胸有成竹。调研工作可以分为三大类，即市场信息与消费者研究、流行信息调研和设计灵感调研。在设计之前找准定位，这样设计才不是盲目的。

·信息整合—情绪板 信息整合是将调研阶段收集的资料进行梳理、筛选和取舍归纳。当所需的资料和信息确定后，就需要找到一种合适的方式将其组合并呈现出来。大多数设计师会通过创建情绪板整合信息，设计主题、色板、面料、款式及服饰配件等，设计中的每一项细节都在不断思考中逐渐落实。

·头脑风暴—设计草图 整合信息后，设计方向已经比较明确，接下来就需要用设计草图对设计构思进行探索和实验。在这个阶段，很多设计方案仍然不确定，将脑海中的想法尽可能多地记录下来，再进行选择和细化。

·设计拓展—时装系列 虽然有些设计师只设计某种单品，但大多数设计师还需要设计所有的时装品类。尤其是商业设计师还需要考虑整个产品线的设计。一个时装系列应具有一定的凝聚力，时装的风格、廓形、色彩、面料或者某些设计细节可以将多个单品关联起来，并进行有效的搭配。

·设计定稿—绘制时装画和平面款式图 时装画表达的是服装穿着在人体上的效果，展现的是服装整体搭配的氛围，因此，除了体现服装款式和结构外，面料的质感、单品之间的搭配、色彩的整体风格及装饰细节等都要表现到位。平面款式图则是将效果图转化为标准的结构图，并补充效果图没有交代清楚的细节，以指导制板师进行制板。

·服装制板 制板是将二维的平面图纸转化为三维实物的过程。设计师在绘制设计图时要充分考虑到服装的结构，制板师则将设计稿制作成符合行业标准的板型，或者与设计师通力合作，解决结构或技术上的难题。

·样衣 样衣是设计流程中检验实物样品的第一道工序，一些在制板过程中没有显现出来的问题可能在样衣中会被发现，需要设计师和制板师进行调整修改。如果比较谨慎，样衣可以制作两次，第一次用白坯布制作，解决服装结构和穿着舒适度等问题；第二次用面料制作，可以较为直观地检验成衣效果。

·生产和销售 通常而言，这两个环节会有专人进行管理，但其中很多细节还需要设计师的参与，例如检验成品、拍摄宣传照、举行发布会或订货会，以及从销售数据中制订下一季的设计方案等。往往这一季的工作还未结束，就要开始准备新一季的设计，时装设计就是一季又一季的周期轮回。

1.1.2 时装画应具备的特点

　　尽管在时装设计的整个流程中，绘制时装画只是其中的一个环节，但却是不可或缺的。在设计前期进行的所有工作，对信息分析、整合以及创造性地发散思维，都需要借助于纸面上的具体形象传达出来。时装画的绘制可以说是将抽象思维转化为具体形象的关键一步，是设计师和消费者、设计师和制板师沟通的桥梁，也是后续工作顺利展开的保证。

　　时装画从最初的形式发展到今天，历时四百余年，已经成为一种兼具艺术性和工艺技术的特殊形式的画种。它与传统的人物画、风俗画以及新兴的商业插画有着密不可分的联系，同时又有其自身的独特性。好的时装画应该具备以下特点：

● 针对性

　　在传世的名画中有很多人物形象衣饰光鲜，但这些作品都不能被称为时装画，因为服装在其中仅仅是作为人物的附属品而存在。时装画是专门为表现时装或者时尚生活方式而创作的，是表现人的着装状态，人和服装都是画面的主体。

● 时尚性和前瞻性

　　时装画和时尚紧密相关，它不仅要反映出当下人们的衣着品位，还要反映出当前社会的政治、经济、文化背景和审美观念。捕捉流行信息、发掘流行规律、预测新的流行趋势，并将这些内容在时装画中体现出来，是设计师应该具备的专业素养。

● 艺术性

　　时装画在为设计服务的同时，也将绘画语言作为表现形式。笔触、线条、色彩、肌理甚至人物形象，都应该具有设计师的自我风格。无论是独自摸索还是广泛借鉴，时装画所呈现出来的艺术性，正是设计师自身审美修养的展现。

● 应用性与商业性

　　无论时装画的表现采用何种工具、何种风格，都要明确时装画是以时尚产业为依托的。除了装饰性的时尚插画，大部分时装画所表现的服装都可进行实操制作。这就要求设计师对服装有足够的了解，避免出现服装无法制作，或是服装结构与人体结构不一致等问题。

Tips	不同用途的时装画
时装画类型	**用途**
时尚插画	为时尚品牌或时尚媒体平台而创作的时装画，用于交流、推广、宣传及促销等活动。可以由插画师或设计师自主创作，也可以根据已有的时装作品或时装造型而绘制。
设计草图	设计草图主要用于快速反映和记录设计师的创意思维，帮助设计师理清思路，明确设计方向。设计草图不需要绘制得非常完整，只要抓住设计灵感，表现出设计构思即可。
时装效果图	时装效果图用于将设计师的设计意图具象化，体现出着装者的穿着状态。画面中的人体结构、服装款式、色彩搭配、面料质感和服饰配件等，都要表现得比较详尽。
平面款式图	平面款式图用于对效果图进行补充，是对设计款式更详细的说明。它是制板师制作样板以及后期制订生产工艺的重要依据，因此，要表现得准确、清晰、详尽，如果有必要还可以辅以文字说明。

1.2 常用工具和基本技法

　　不同的工具有不同的特性，要想将其特性充分发挥出来，就需要采用相应的表现技法和辅助手段。本书主要采用彩铅、水彩和马克笔三种工具，它们都属于透明性材质，因此，在表现技法上有一定的规律可循。需要明确的是，不管采用何种工具，都需要在画面中准确呈现出人体比例结构、明暗关系、色彩搭配和面料质感等。

1.2.1 彩铅工具及基本技法

　　彩铅是初学者比较容易掌握的一种工具，其笔触细腻，叠色自然，通过对用笔力度和行笔方式的控制，能够描绘出精确的细节。此外，使用橡皮可以对彩铅的绘制效果进行一定程度的修改，再配合一些辅助工具，可以表现出极为丰富的画面层次。

● 彩铅及辅助工具

　　彩铅的笔芯性质不同，表现效果、表现手法和搭配的辅助工具也不尽相同。

·绘图彩铅

　　绘图彩铅绘制出的颜色较浅，可以通过叠色呈现出清新雅致的画面效果。将笔尖削尖后可用于绘制非常精细的局部，并且颜色基本可以用橡皮擦除。彩铅的不足是笔尖较脆、易折断，如果用力太大可能会划伤纸面。

·水溶彩铅

　　水溶彩铅的笔芯能够溶于水，用水调和后可以绘制出类似水彩的效果。水溶彩铅的颜色较为亮丽，笔尖软硬度适中，也可以像绘图彩铅一样直接使用。

·油性彩铅

　　油性彩铅是所有彩铅中颜色最为鲜艳、厚重的，笔芯具有一定的蜡质感，能够表现出特殊的肌理效果。但是油性彩铅不适合多层叠色，也不容易用橡皮修改。

·色粉彩铅

　　与其他三种彩铅不同，色粉彩铅具有较强的覆盖性，笔芯具有粉质感及特殊的颗粒肌理。但色粉彩铅容易脱粉弄脏画面。

·纸张

　　彩铅对纸张没有特殊要求。但为了保证画面效果，最好选用质地较为紧密厚实的绘图纸，纸面不能太光滑，否则不容易上色；也不能太粗糙，否则叠色时纸面容易起毛。

·辅助工具

　　铅笔与橡皮是最为常用的辅助工具。铅笔主要用于起稿，易于修改，可以根据个人喜好选择自动铅笔或绘图铅笔，橡皮只要能清除干净且不损伤纸面即可。

Tips	常用彩铅推荐		
品牌	**类型**	**产地**	**特点**
施德楼	水溶	德国	笔杆手握感佳，色彩鲜艳，笔触细腻。
辉柏嘉	水溶	德国	性价比高，适合初学者日常练习。
辉柏嘉	油性	德国	色彩浓郁，颜色能极好地附着在纸面上。

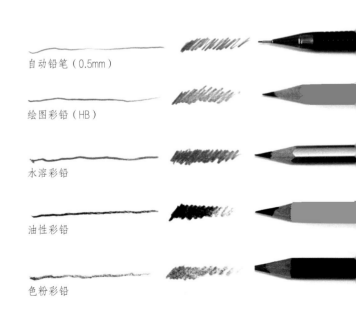

自动铅笔（0.5mm）

绘图彩铅（HB）

水溶彩铅

油性彩铅

色粉彩铅

● 彩铅的基本表现技法

　　彩铅的笔触可以规则排列，也可以自由变化，因为它在笔触上和铅笔极为相似，所以其表现技法可以借鉴素描技法，如涂抹、排线等。与水彩等其他工具相比（水彩、水粉、丙烯），硬笔尖的技法相对单纯，要想使画面更具感染力，可以将多种笔触形式进行综合应用。用笔力度的轻重是控制彩铅色调的关键，变化笔尖的角度和运笔方式可以带来更生动的效果。

| 平涂 | 渐变 | 接色（双色渐变） | 叠色 |

| 排线 | 交叉排线 | 勾勒 | 涂点 |

● 彩铅的基本表现技法案例

　　下面的案例分别采用平涂叠色和线条勾勒两种技法，表现了两种图案面料。彩铅的硬笔尖在表现面料图案时具有很大优势，可以很精确地绘制出图案的细节，达到令人满意的效果。

· **格纹图案**

 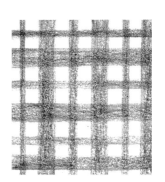 

01　用均匀的力度控制笔尖，平涂出不同宽窄的横向条纹。不同条纹之间的间距应相等。

02　用同样的方法绘制出纵向条纹，颜色和横向条纹一致。

03　将横纵条纹相互交叠的位置加深，完成绘制。

· **印花图案**

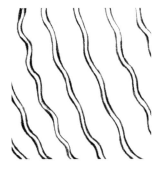 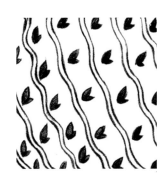 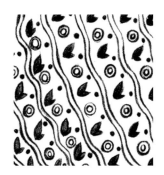

01　将笔尖立起绘制出斜向的条纹，注意间隔均匀。

02　等距绘制心形图案。

03　绘制同心圆图案并添加小点，做到主次分明。

1.2.2 水彩工具及基本技法

水彩的表现效果极为丰富，既可以潇洒大气，也可以细腻写实、层次丰富。换句话说，水彩的表现效果受工具和表现技法的影响非常大，不同的颜料、纸张、画笔会产生不同的效果；不同的运笔方式、行笔速度、水量控制及媒介剂的使用，可以进一步丰富画面的变化。

● 水彩及辅助工具

水彩的工具繁多，在接触水彩的初期可以结合自己采用的表现技法对各种工具进行尝试，直到找到适合自己的工具或达到理想的表现效果。

· 水彩颜料

水彩颜料的透明度较高，易于调和，能够形成丰富的色彩效果。常见的水彩颜料有膏状的管装颜料、块状的固体颜料和液体的透明水色。管装颜料蘸取方便，色彩的混合性好；块状颜料便于保存和携带；透明水色的色彩非常清澈，但是颜色种类较少。不同品牌的同种颜色会有一定的色差。

· 水彩纸

要想将水彩的特性发挥到最大，建议使用专门的水彩纸。就材质而言，水彩纸主要有木浆纸和棉浆纸两种：木浆水彩纸吸水性较弱，适合使用干画法；棉浆水彩纸吸水性较强，大量用水纸张也不会起皱。此外，根据表面纹理，水彩纸分为粗纹、中粗纹和细纹。在绘制时装画时要表现面部等诸多细节，选择细纹水彩纸较为适合。

· 水彩画笔

貂毛水彩画笔是最佳选择，笔毛蓄水量较大又具有弹性，既可以大面积铺色又可以绘制细节。松鼠毛画笔具有极大的蓄水量，也是上佳的选择。但是，这两种画笔的价格较为昂贵，可以使用传统的国画画笔来代替。羊毫笔柔软蓄水量大但弹性不够，可以大面积铺色；狼毫笔蓄水量不好但是笔尖柔韧，适合刻画细节；还有各种兼毫画笔，能够兼具两类笔的功效。

· 辅助工具

因为使用软笔尖并通过水量来控制画面效果，所以很多初学者认为水彩难以驾驭，尤其不利于细节的刻画，在这种情况下可以采用彩铅、针管笔或马克笔来辅助绘制细节。水彩是透明性工具，浅色无法覆盖深色，因此浅色部分应该留白，但在留白不够的情况下也可以使用高光笔或水粉等覆盖性材料来提亮。为了增加画面肌理的变化，还可以使用多种媒介剂，如留白液、牛胆汁和阿拉伯树胶等。

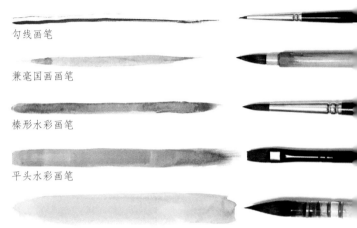

勾线画笔

兼毫国画画笔

榛形水彩画笔

平头水彩画笔

尖头水彩画笔

Tips	常用水彩颜料推荐			
品牌	类型	产地	等级	特点
温莎·牛顿	管装	中国	—	颜色较为暗沉，有颗粒沉淀，适合初学者日常练习。
史明克	固体	德国	学院级	色彩鲜艳亮丽，色泽沉稳，性价比较高。
樱花	管装/固体	日本	—	管装颜料色泽清新明亮；固体色块较硬，不易蘸取。
荷尔拜因	管装/固体	日本	大师级	不论是管装还是固体，都色彩通透，亮丽润泽。

常用水彩纸推荐				
品牌	类型	产地	纹理	特点
获多福	棉浆	英国	细纹	吸水性和扩散性好，色牢度稍弱。
康颂1557	木浆	法国	中粗	性价比高，适合初学者日常练习。
阿诗	棉浆	法国	粗纹	吸水性极好，适合多层叠色。

常用水彩画笔推荐				
品牌	产地	型号	笔尖材质	用途
达·芬奇	德国	428	貂毛	染色，绘制细节
阿瓦罗	澳大利亚	NEEF117	松鼠毛	染色
秋宏斋	中国	若隐	兼毫	勾线，绘制细节

● 水彩的基本表现技法

　　水彩的技法主要涵盖三个方面：一是用笔，借助笔尖形状和笔尖弹性，依靠笔锋角度和行笔方式对笔触进行控制；二是用水。颜色的深浅浓淡、过渡方式及笔触的干湿变化等，都通过对水分的增减来控制；三是制作肌理。这一点极大地反映出水彩技法的自由灵活性，借助媒介剂和各种材料，可以产生非常特殊的画面质感和肌理。

平涂

渐变（渲染）

接色（双色渐变）

湿破色

扫笔

勾勒

使用留白液

撒盐

● 水彩基本表现技法案例

　　下面的案例分别展示了湿画法和干画法这两种典型技法，从中可以看出如何对水分进行控制。使用湿画法，可以使色彩在纸面上自然地过渡，形成通透润泽的效果；使用干画法则可以表现出笔触的肌理，这时用笔的方式就显得尤为重要。

·印花图案（湿画法）

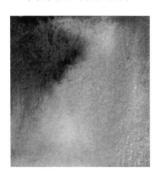

01 用画笔的侧锋大面积铺出底色，色彩在纸面上自然过渡。

02 侧锋点出花瓣，使画面由深色向浅色自然过渡。

03 立起笔尖绘制出细小的叶片，用小描笔蘸白墨水勾勒出花瓣和叶片上的脉络。

·粗呢面料（干画法）

01 用画笔大面积平涂出底色，画笔上颜色相对饱和。

02 将水分控干，使笔尖分岔，用轻重不一的力度在底色上戳点，形成粗糙的颗粒感。

03 用小描笔绘制交错的纹理，再点出面料上凸起的颗粒。

1.2.3 马克笔工具及基本技法

马克笔色泽艳丽，色彩透明度高，使用快速便捷，其潇洒爽利的表现风格使其成为受设计师青睐的绘图工具之一。但是马克笔看似简单，要想绘制出理想的画面效果并不容易，正是因为其绘制速度快，所以无法为绘制者留下充足的思考和犹豫的时间，也没有太多可以修改的余地。只有充分了解马克笔，熟练掌握其特性，才能找到其中的韵律和变化规律，使画面效果丰富、耐看。

● 马克笔及辅助工具

马克笔的笔尖分为发泡型和纤维型，前者笔尖有一定弹性，后者笔尖较为硬朗。但不论哪种笔尖，在笔触变化及局部刻画上都有较大的局限，因此需要使用多种辅助工具，甚至和水彩、彩铅混用，才能达到丰富的艺术表现效果。

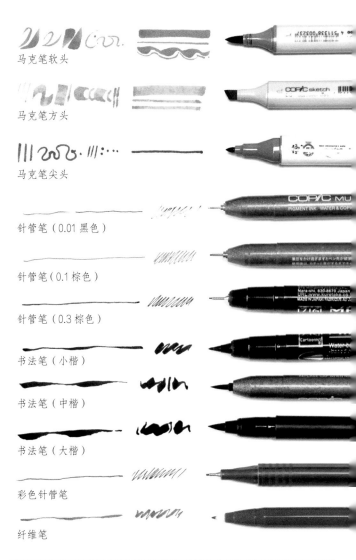

马克笔软头

马克笔方头

马克笔尖头

针管笔（0.01 黑色）

针管笔（0.1 棕色）

针管笔（0.3 棕色）

书法笔（小楷）

书法笔（中楷）

书法笔（大楷）

彩色针管笔

纤维笔

·马克笔

马克笔的墨水分为油性（酒精性）和水性，不同的墨水在显色、透明度上略有不同，但是都具备较快干的特性。马克笔通常为双笔头，即笔杆两端都有笔头。硬头马克笔一端为硬方头，另一端为硬尖头；软头马克笔一端为硬方头，另一端则为软尖头。软头马克笔具有很多优点，如色彩过渡更为自然，笔触变化更多、更灵活，笔尖收锋更好等，但是软头马克笔价格昂贵，因此，可以将软头马克笔和硬头马克笔结合使用。

·马克纸

马克笔的墨水渗透力较强，如果纸张太薄，墨水会轻易渗透到纸张背面，甚至污染下层纸张。专业马克纸的背面会有一层光滑的涂层以防止墨水渗漏。初学者经常弄错纸张的正、反面。此外，也可使用比较厚实的绘图纸或细纹水彩纸。

·勾线笔

勾线笔可起到确定轮廓、强调结构转折及描绘细节的作用。勾线笔主要分为两大类，即笔触均匀的针管笔和有笔触变化的书法笔。这些笔的笔尖材质和型号各异，通过对用笔力度和笔尖方向进行控制，能绘制出灵活多变的线条。

·高光笔

相比水彩，马克笔更难控制亮面的留白，必要时可以使用高光笔进行提亮。高光笔是一种覆盖力很强的油漆笔，有细笔尖也有圆笔头，可根据实际情况进行选择。

·纤维笔

使用纤维笔可以绘制极细的线条，也可以有粗细变化，还可以进行小面积染色，绘制面部等细节时十分方便。但是纤维笔的笔尖很硬，在使用时力度要轻，以避免划伤纸面。

Tips	常用马克笔推荐		
品牌	产地	笔尖类型	特点
斯塔	中国	硬头	笔尖有一定弹性，笔触感较好。
法卡勒	中国	软头	性价比高，颜色鲜艳，适合初学者。
Touch 6	中国	硬头	价格便宜，颜色种类多，适合初学者。
Touch	韩国	软头	颜色亮丽，过渡柔和，笔触自然。
Copic	日本	软头	颜色丰富，混色极佳，笔尖触感极好。

● 马克笔的基本表现技法

　　虽然马克笔使用起来便捷、高效，但局限性比较明显。首先，马克笔的笔触变化较少，即使是软笔尖也不像水彩画笔能绘制出多变的笔触；其次，马克笔的混色效果较弱，无法用较少的颜色调和出多种色彩，单一色彩的深浅变化也不够明显。想要表现出丰富的画面效果，对笔触的控制就极为重要。以方头笔尖为例，将笔尖侧转、斜立、直立或转动，都能得到不同的笔触。在行笔的过程中，如果采用扫笔、按压、停顿、回笔等方式，再配合不同的力度和速度，笔触就会更加多变。

平涂	扫笔（渐变）	扫笔（接色）	叠色
转笔（方头）	转笔（尖头）	勾勒（方头）	勾勒（尖头）

● 马克笔的基本表现技法案例

　　下面的案例分别展示了用硬头马克笔和软头马克笔如何绘制两种图案面料。马克笔的方头很容易绘制出宽度均等的纹理，软头也能快速绘制出各种点状笔触。将这些笔触疏密有致地进行排列，再辅以纤维笔或针管笔，就能轻松完成所需的效果。

· 格纹图案

 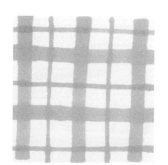 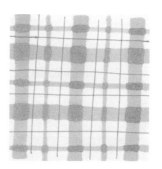

01 用浅蓝色马克笔的方头一端平铺出面料的底色，再用天蓝色马克笔的方头一端绘制出纵横相交的纹理。

02 用天蓝色马克笔尖头的一端绘制出纵横相交的细条纹。

03 用天蓝色针管笔绘制出最细的条纹，完成绘制。

· 碎花图案

01 用浅褐色马克笔的方头一端平铺出面料的底色。

02 用棕褐色马克笔的软头一端点出叶片，注意笔触的长度宽窄变化和叶片的疏密排列。

03 用棕褐色的针管笔勾勒出叶茎和叶脉，完成绘制。

1.3 时装画中的人体

　　服装以人体为支撑，不论时装画的风格或表现手法如何变化，都要以人体为依据。时装画中的人体是一种理想化的状态，为了符合视觉审美进行了适当的夸张变形，以更好地展示和烘托服装。设计创意和设计细节只有通过准确、协调的人体才能恰如其分地展现出来。要想绘制出优美的人体，一定要将人体的基本比例和结构了解透彻并反复练习，掌握其中的规律，才能举一反三。

1.3.1 时装画中的人体比例

　　人体的整体和各部分都符合一定的比例标准，这些标准使得设计者在绘制人体时可以更快、更准地进行定位。7头身是正常状态下的人体比例，而时装画中的8头身人体比例是经过美化的。8头身比例以腰线为基准，上半身三个头长，下半身五个头长，约等于1：0.618的黄金分割。

● **女人体 8.5 头身比例的正、侧、背表现**

　　8.5头身是在8头身的基础上略微拉长腰身和腿部，使女人体显得身体匀称、四肢修长，适合表现大多数服装，是时装画中较为常用的比例。

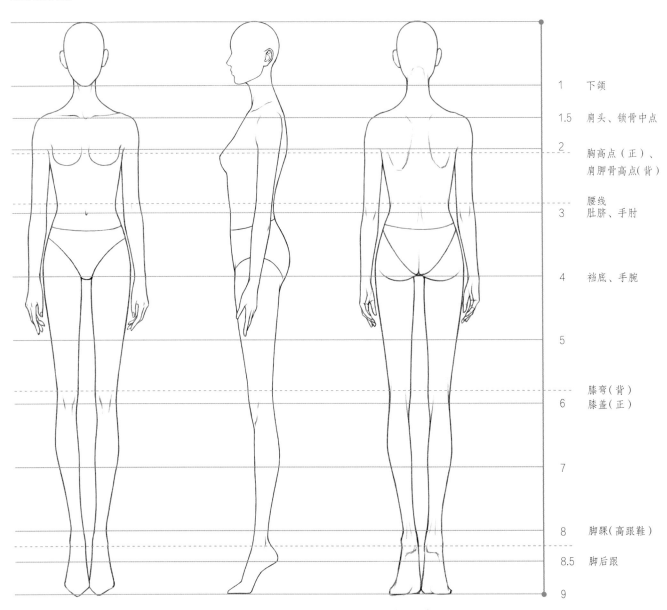

女人体 8.5 头身比例正面、正侧面、背面示意图

● 男人体 8.5 头身比例的正、侧、背表现

在8.5头身比例中，男人体和女人体在长度比例上基本一致，但在局部细节上略有不同：胸点略低于第二个头长；腰线较女性略低，位于第三个头长；臀部结束于第四个头长，脚踝位于第八个头长并且大腿和小腿的长度基本相等，脚后跟位于第8.5个头长。在宽度比例上，男性的肩宽要大于女性，臀宽小于女性，形成上宽下窄的倒三角形体型。此外，男性的骨骼粗壮，肌肉发达，关节也凸出，与女人体纤细修长的特点有明显的区别，在绘制时要将男女人体的不同之处强调出来。

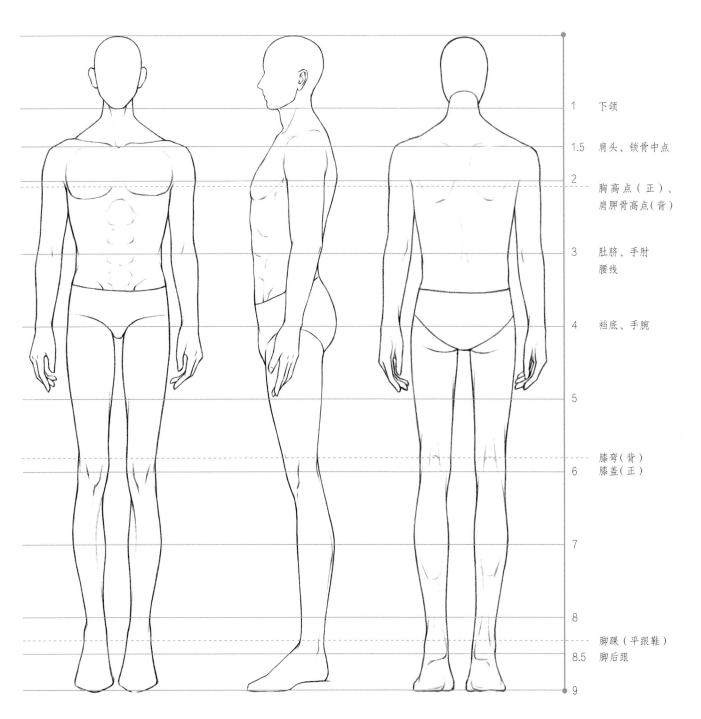

1	下颌
1.5	肩头、锁骨中点
2	胸高点（正）、肩胛骨高点(背)
3	肚脐、手肘 腰线
4	裆底、手腕
5	
6	膝弯（背）膝盖（正）
7	
8	
	脚踝（平跟鞋）
8.5	脚后跟
9	

男人体 8.5 头身比例正面、正侧面、背面示意图

1.3.2 时装画中的人体结构

　　人体的结构复杂，表面曲线变化微妙，很多初学者往往会感到无从下手。除了掌握人体的基本比例外，还需要对人体各部分结构进行深入研究。本节将人体分解为不同部分，逐一解决人体绘制中会遇到的种种问题。头部大小、五官位置、手脚长短、肢体形状等身体各部位同样存在着一定的比例，通过对这些细节的把握，可以对人体有更深层次的了解。

● 头部与五官

　　在时装画中，头部能展现人物的气质，配合服装进行发型和妆容的设计，是表现的重点。从正面看，头部呈上大下小的卵形；从正侧面看，头部由面部和后脑两大部分组成；如果头部是3/4侧面，则要注意透视效果和五官之间的遮挡关系。

· 正面头部与五官的基本比例

正面的头部基于中轴线左右对称，五官以"三庭五眼"的比例关系分布在面部。"三庭"即将面部长度分为三等份，由发际线到眉毛，由眉毛到鼻底，再由鼻底到下颌，这三部分长度相等。"五眼"即以一只眼睛的长度为标准，将面部最宽处五等分，眉心、鼻中隔中点、唇凸点和下颌中点都位于中轴线上。

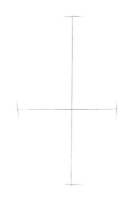 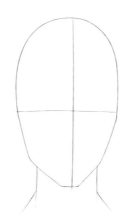 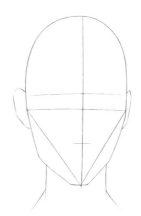 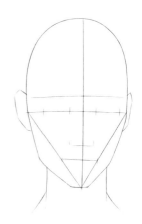

01 绘制出正面头部的长宽比例关系，正面头部的长宽比大概为2∶3，然后绘制出等分头长和头宽的十字形辅助线。

02 绘制出头部和颈部的外轮廓。头部外轮廓呈卵形，头顶部分的弧度较为饱满，下颌部分的弧度较尖锐。

03 绘制出"三庭"的辅助线，确定眉弓和鼻底的位置。将头长等分线的两端和中线下端相连，形成斜向的辅助线。

04 在头长等分线上确定眼睛的宽度，内眼角间的距离等于一只眼睛的长度。根据上一步的辅助线确定唇中缝的位置。

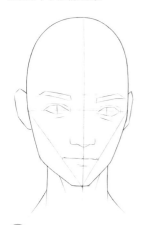 

05 根据辅助线，绘制出眉毛、眼睛、鼻翼和嘴唇的轮廓和形状。

06 绘制出发型的轮廓，头发具有厚度，因此与头顶之间有一定的距离。

07 将辅助线擦除，用柔和的曲线整理五官，描绘出眉毛、上下眼睑、耳廓等细节。

08 整理头发的层次。在头顶部分呈现出球体的体积感，绘制时要注意留白，发梢使用较为自然的曲线来表现。

09 稍微添加眼窝的阴影，眼眶的暗部，鼻梁正面和侧面的交界线，鼻底、唇底和颧骨的阴影面，以强调五官的立体感。绘制出眼珠和嘴唇的细节，勾勒出眼睫毛，使面部更加生动。在添加头发的明暗关系时，仍然要表现出头部的体积感。

·正侧面头部与五官的基本比例

　　正侧面的头部和后脑勺占据了大部分比例，而面部相对狭窄，面部轮廓线起伏明显，凸起的眉弓、鼻梁、上唇和下颌，与凹陷的鼻根、人中和唇沟形成对比。受到透视关系的影响，只能看见一只眼睛，鼻子和嘴也只能看见正面的一半。

   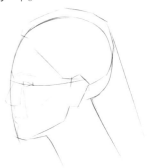

01 绘制出一个略微前倾的卵形外轮廓，后脑曲线饱满而面部曲线较为平直。头部略向前倾而颈部向后倾斜。眼睛仍然位于整个头长1/2的位置。

02 绘制出侧面的轮廓，尤其是鼻梁高挺，超出外轮廓线。确定侧面眼睛的宽度，再引出辅助线确定鼻翼和嘴的宽度。

03 绘制出眼睛和眉毛的轮廓。受透视关系影响，侧面的眼睛形状接近三角形，并且呈现出向内倾斜的角度。侧面眉毛的长度也比正面大为缩短。

04 绘制出发型的外轮廓，头顶处的头发包裹着头骨，呈现出鲜明的球体形状，头发和头骨之间要留出一定的厚度。披散的头发堆积在后颈，呈直线形。

05 绘制出上、下眼睑、鼻翼、鼻孔和嘴唇等细节。侧面的嘴唇也呈现出三角形并向内倾斜。细化披散头发的外轮廓，添加发饰。

06 将头发分组，绘制出发丝的走向。头顶发丝因为系扎呈现出包裹着头骨的弧线，下半部分披散的头发形态较为自由。

07 擦除辅助线，用更确定的曲线整理五官的细节。细化头发的分组，将一缕缕头发的走向整理清楚，注意发丝间的穿插关系。

08 添加眼窝、上眼睑、鼻底、唇沟、下颌等处的阴影，明确五官的体积感。进一步绘制出睫毛和眼珠。

09 轻扫出鼻梁侧面、额头侧面和颧骨处的阴影，以丰富五官的阴影层次，增强面部的立体感。为头发添加适当的阴影以强调头发的层次，头顶部分要把握住球体的大体积，披散的头发要有取舍，处理好主次关系。

· 3/4 侧面头部与五官的基本比例

3/4侧面头部的表现难度较大，五官不像正面时左右对称，也不像正侧面时只能看见一部分，而是根据面部侧转所产生的透视关系有所变形，五官之间还会产生一定遮挡。在这种情况下，找准透视线尤为重要。

01 确定3/4侧面头部的大概长宽比例。头部侧转的角度决定中线的位置，受透视关系影响，中线会产生一定的弧度。眼睛仍然位于整个头长1/2的位置。

02 绘制出头部的外轮廓，3/4侧面的面部占比相对较大，但仍然能看到一部分后脑。后脑的曲线稍显饱满，面部曲线较为平直；头顶的曲线饱满，下颌则略微收尖。头部微向前倾，颈部微向后仰。

03 根据透视线标示出五官的位置，保证眉心、鼻中隔中点、唇凸点和下颌中点都位于中线上。面部侧转的一边，眉毛、眼睛和嘴的长度会略微缩短，鼻梁会挡住侧转面的内眼角，鼻尖会挡住一侧的鼻翼。

04 绘制出眼珠、鼻翼、鼻孔、嘴唇和人中等细节，鼻翼和鼻孔的角度以及嘴唇的弧度也会因透视关系而产生变化。为头发分组，同样因为系扎的关系，发丝呈现出弧形的走向。

05 用曲线绘制五官的细节，虽然两只眼睛内、外眼角的细节形状、两个嘴角的角度都不一样，但是要保证眼角连线和嘴角连线基本平行。擦除辅助线，整理出干净的线稿。对头发进一步分组。

06 五官的阴影面积同样受到头部侧转的影响而产生变化，侧转的一边五官的阴影面也会相应地变窄或是被遮挡。用笔轻扫确定出眼窝、鼻底、唇沟、颧骨和下颌处阴影的位置。

07 加强眼窝、鼻底、唇沟和颧骨处的阴影并形成自然的过渡，进一步添加外眼眶、鼻侧面、额头侧面和颈部的阴影，刻画眉毛、眼珠、睫毛等细节，使五官更加生动。在细化头发时，仍然要注意整体体积和层次，既要有丰富的变化，又要符合一定的走势规律。

● 眼睛的表现

　　眼睛是最能表现人物特点的部位，人物的精神面貌和神态都通过眼睛传达出来。眼睛并不是标准的椭圆形，上、下眼睑的弧度、内、外眼角的形状以及睫毛的分布等都有微妙的变化。眼珠的结构是由瞳孔和虹膜组成的同心圆，但会被上眼睑遮挡一部分，因此，眼眶中眼球呈现出来的不是一个正圆形。在绘制时要表现出这些细微的差别。

・正面眼睛的表现

01 绘制出一个略微倾斜的椭圆形，内眼角低、外眼角高。连接内、外眼角形成倾斜的辅助线，通过辅助线绘制出纵向的中轴线。

02 虹膜和瞳孔组成的眼珠呈同心圆，位于中轴线上，会被上眼睑遮挡住一部分。

03 用确定的弧线绘制出眼睛的细节，内眼角圆润，外眼角稍尖。添加出上、下眼睑，下眼睑要表现出厚度。

04 分析眼睛的立体结构。上眼睑外凸，在眼眶内形成明显的投影。眼珠有放射状纹理，上、下眼睑都有一定的结构转折。

05 绘制出上、下眼睑在眼眶内的投影，眼珠受到上眼睑投影的影响呈现出上深下浅的状态，表现出晶状体的光泽。细致描绘出虹膜上的纹理，加深瞳孔。

06 绘制出上、下眼睑和眼窝的阴影，表现出眼球的体积。加重上、下眼线，用高光笔点出瞳孔的高光，以表现出眼睛的光彩。

07 用短弧线来表现睫毛，每根睫毛翘起的角度有一定的变化，但整体呈放射状分布。上眼睑的睫毛比下眼睑的浓密，外眼角的睫毛比内眼角的浓密。

08 根据眉弓的形状绘制出眉毛。眉毛的长度要长于眼睛，眉头处的笔触较短，越向眉梢处笔触越长。前2/3的眉毛向上用笔至眉峰，过了眉峰高点后向下用笔。

・3/4侧面眼睛的表现

01 3/4侧面眼睛的外轮廓仍然呈椭圆形，整体长度根据面部的侧转角度而变短。内、外眼角的倾斜度变小，但上、下眼睑的弧度更明显。

02 确定上眼睑的宽度和眼珠的位置。眼珠可以在眼眶中转动，需要根据视线的方向来确定其位置。

03 用确定的弧线明确眼睛的细节，整理出上、下眼睑的厚度、内、外眼角的形状，添加瞳孔和下眼睑。

04 分析眼睛的立体结构。因为侧转，3/4侧面眼睛整个眼球的最凸起处也会适当侧移。

05 加重上眼线，绘制出上、下眼睑的投影，眼珠根据视线的方向靠近外眼角，内眼角处泪阜的结构也更明显。

06 绘制出上、下眼睑和眼窝的阴影。上眼睑最凸起处靠近内眼角，下眼睑最凸起处靠近外眼角。绘制瞳孔的高光。

07 绘制出睫毛等细节，睫毛也会受到透视关系的影响，卷翘的方向更多地倾向于眼睛侧转的方向。

08 眉毛的形状同样会受到侧转的影响，如果面部有俯仰透视，眉毛的角度变化会比眼睛更加明显。

· 正侧面眼睛的表现

01 绘制出侧面眼睛的外轮廓。侧面的眼睛基本为三角形，因为上眼睑凸起明显，呈现出向内倾斜的状态。

02 绘制出上、下眼睑和眼珠。从侧面可以更为明显地看出上、下眼睑包裹着眼球的状态。眼珠因为透视关系而呈现椭圆形。

03 擦除辅助线，用更为确定的线条描绘出眼睛的细节。正侧面角度的睫毛几乎全部向前翘，瞳孔也呈现出椭圆形。

04 描绘出上眼睑在眼眶内的投影，刻画眼珠的细节，点出瞳孔的高光，表现出眼球晶状体的质感。

05 加重眼窝处的阴影，添加上、下眼睑的阴影，表现出眼球整体的立体感。

06 根据眉弓的透视弧度加大正侧面的眉毛，眉峰高点前移，长度明显缩短，眉梢部分更为鲜明。

不同形态的眼睛

● 嘴的表现

　　嘴唇是较为标准的菱形，以唇中缝为分界线，上嘴唇内凹，下嘴唇外凸，因此在绘制时上唇略薄而下唇饱满。为了表现嘴唇的柔软感，用笔要轻松一些，着重强调嘴角和唇中缝即可。

· 正面嘴的表现

01　用直线标示出唇中缝，确定嘴角的位置，再标示出上、下嘴唇和唇沟的宽度。

02　正面的嘴唇左右完全对称，下唇凸和上唇凹陷位于中线上，上嘴唇呈M形，下嘴唇的弧度较为饱满。明确嘴角的位置，适当强调唇中缝。

03　分析嘴唇的立体结构，下嘴唇的唇凸呈现出球体的体积，因此也被称作"唇珠"，上嘴唇的下半部分向内凹陷，会形成比较明显的背光面；下嘴唇则可看作圆润的多面台体，分为正面、顶面、底面和两个侧面。

04　绘制上嘴唇内凹形成的背光面，下嘴唇的顶面受到上嘴唇投影的影响也需要加重，下唇侧面和底面属于背光面，因此，嘴唇的高光集中在下唇正面最凸起处。

05　丰富嘴唇的明暗层次，加重上嘴唇的明暗交界线，并为上嘴唇的亮灰面铺上调子。用细小的笔触绘制出嘴唇上放射状的唇纹，唇纹要根据嘴唇的立体结构来分布，在高光处要留白，不要过于生硬，喧宾夺主。添加唇沟的阴影，突出下嘴唇的立体感。

· 3/4 侧面嘴的表现

01　用直线标示出唇中缝的位置，因为侧转，唇中缝会有一定的倾斜度，两个嘴角也受到透视关系影响而发生变化。确定上、下嘴唇的宽度。

02　受透视关系影响，整个嘴唇的中线会向侧转的方向偏移，但唇凸和上唇凹陷仍然位于中线上，侧转的一半长度会缩短，这一半上、下嘴唇轮廓线的角度也会加大。

03　分析嘴唇的立体结构，上唇的唇凸和下唇最饱满的正面会随着中线侧转，两侧阴影面的宽度也不再对称，侧转的一半阴影面的宽度会相应缩短。

04　初步添加明暗关系，为上嘴唇的背光面、下嘴唇的侧面和底面都铺上阴影调子。因为侧转，唇凸的结构会更加明显，可以适当强调。

05　丰富嘴唇的明暗层次，强调唇中缝上、下的投影面。绘制唇纹，唇纹除了呈现出放射状的大走向外，其弧度也会因为嘴唇的侧转而发生变化。添加嘴角和唇沟的阴影，使嘴唇更为生动。

· 正侧面嘴的表现

01 绘制出侧面嘴唇的外轮廓。侧面的嘴唇基本为三角形，和侧面眼睛一样也向内倾斜。侧面的唇中缝因为凸起的唇凸和上翘的嘴角而呈现出较为明显的转折。

02 从侧面可以非常清晰地看到上唇的内倾和下唇的外凸，在唇中缝处形成明显的凹陷。绘制出上、下嘴唇的形状，勾勒出人中和唇沟的结构。

03 擦除辅助线，用更为确定的曲线整理嘴唇的形状，尤其是唇凸的结构所产生的椭圆形透视效果。

04 初步添加明暗关系，在唇中缝的上、下添加阴影面。下嘴唇最凸起的正面位于侧转方向的边缘，要适当留白。

05 丰富阴影的层次，添加嘴唇周围人中、唇沟和嘴角的阴影。描绘唇纹，唇纹会向侧转的方向弯曲，只需寥寥几笔稍加示意即可。

不同形态的嘴

● 鼻子的表现

　　鼻子是面部体积感最强的五官，外形近似棱台。但是在时装画中，为了将视觉中心聚焦在眼睛上，鼻子通常会简单概括，有时甚至只绘制鼻孔及鼻翼。

· 正面鼻子的表现

01 用几何体概括正面鼻子的结构。鼻根呈倒梯形，鼻梁正面呈正梯形，鼻翼位于鼻侧面，鼻孔位于鼻底面，由鼻中隔隔开。

02 用弧线整理鼻梁细节，鼻头呈球体，鼻中隔为向下弯曲的弧线。鼻翼呈半球体，注意表现出鼻翼的厚度。

03 擦除辅助线，清理线稿，使线条更为柔和、连贯。强调鼻头和鼻梁一侧的明暗交界线。

04 为鼻底面和一侧的鼻侧面添加阴影，鼻子在面部也会形成明显的投影。强调鼻头的明暗交界线以突出鼻头的体积。

· 3/4 侧面鼻子的表现

01 用直线概括3/4侧面的鼻子，鼻根深陷，鼻梁挺起，形成明显的转折，只能看见一侧鼻侧面，鼻头也会遮挡住一侧的鼻翼和鼻孔。

02 用曲线整理鼻子的轮廓，细化鼻梁的起伏和鼻中隔的结构，标示出鼻梁侧面、鼻底面和鼻翼侧面的转折。

03 铺出鼻底面的阴影和鼻子在面部的投影，要塑造出鼻头的球体体积和鼻翼半球体的立体感。可以适当弱化处理被鼻头遮挡的鼻翼和鼻孔。

04 深入刻画鼻子的明暗关系，鼻梁的正面、鼻侧面和鼻翼上方也稍加阴影。最亮的地方是鼻头凸起处以及鼻梁正面和侧面的转折处，需要留白。

· 正侧面鼻子的表现

01 用直线绘制正侧面的鼻子，正侧面鼻子的鼻根和鼻梁的转折更为明显，同样只能看见一侧的鼻侧面、鼻翼和鼻孔。

02 用曲线整理鼻梁和鼻头的起伏转折，明确鼻中隔和鼻翼底端的结构，标示出鼻头和鼻翼的底面以及鼻翼的侧面。

03 擦除辅助线，将线稿整理干净。正侧面的鼻子，鼻梁正面只能看见很窄的区域，鼻梁正面和侧面的转折稍示意即可。

04 绘制出鼻底面的阴影，鼻头仍然要塑造出球体的体积，鼻翼的转折可以硬朗一些，鼻孔内的阴影不要绘制成死黑一片。添加鼻子在脸颊上的投影。

● 耳朵的表现

　　耳朵位于头部的两侧，在绘制时简略概括即可。值得注意的是，因为透视关系，当头部处于正面时，耳朵处于前侧面；当头部处于正侧面时，耳朵处于正面。此外，还需要考虑耳朵和头发的关系。

·正面耳朵的表现

   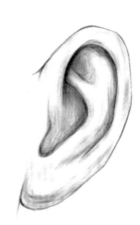

  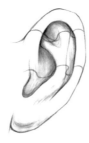

01 用半封闭的椭圆概括出耳朵的外轮廓。

02 绘制出外耳廓的形状，留出耳垂。

03 用曲线绘制出耳屏和内耳廓的形状。

04 绘制内耳廓上的三角窝，用短线强调对耳屏的结构。

05 用辅助线分析耳朵的起伏结构，辅助线凸起处为受光面，凹陷处为背光面。

06 根据辅助线，为背光面铺上阴影调子。

07 擦除辅助线，完善阴影层次，表现出耳朵的立体感。

·前侧面耳朵的表现

   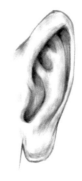

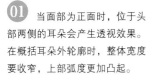

01 当面部为正面时，位于头部两侧的耳朵会产生透视效果。在概括耳朵外轮廓时，整体宽度要收窄，上部弧度更加凸起。

02 绘制出外耳廓的宽度，受透视关系影响，上部保持原有宽度，侧面只能看见窄窄的一条。

03 绘制出耳廓的内部结构，内耳廓因为透视关系凸起明显。用辅助线分析耳朵的起伏结构。

04 擦除辅助线，根据结构起伏添加阴影，可以重点强调外耳廓的投影以表现其厚度，完善耳朵的细节。

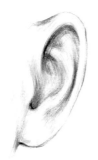    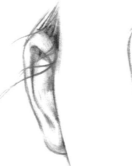 

不同形态的耳朵

● 躯干

躯干的起伏微妙，造型复杂，可以将其简化为胸腔和盆腔两大体块。可以将胸腔看作一个上宽下窄的倒梯形，上缘线通过锁骨与肩点相连，下缘线为肋骨底端；可以将盆腔看作一个上窄下宽的正梯形，上缘线为胯高点连线，下缘线为髋关节之间的连线。胸腔和盆腔由脊柱相连。这两大体块的相互关系决定了身体的扭转与俯仰。当这两大体块处于相对静止或平行运动时，表现的身体动态较小；当这两大体块相互挤压、错位时，表现的身体动态较大。

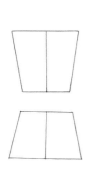

正面直立的躯干

当躯干保持静止时，两大体块以中轴线左右对称，透视线处于平行状态。

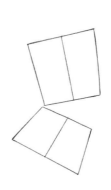

正面动作轻微的躯干

胸腔和盆腔的形状不变，身体的一侧收紧，另一侧拉伸，透视线呈放射状。

正面动作明显的躯干

躯干发生扭转，胸腔向右转动，盆腔向左转动，身体一侧紧缩，另一侧拉伸的程度加剧。

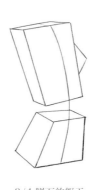
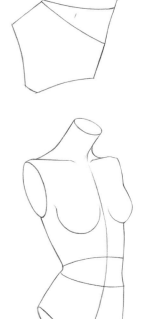

3/4 侧面的躯干

要表现出身体侧面的厚度，胸部的高度超出了身体的外轮廓线，后腰的弯曲幅度非常大。

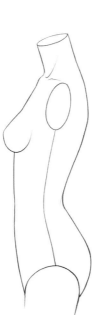

正侧面的躯干

从正侧面看，身体正面的轮廓线较平直，后背呈曲线，胸部高耸，具有明显的体积感。

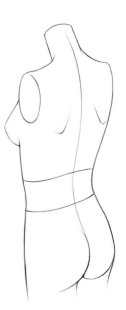

背侧面的躯干

要表现出身体侧面的厚度。胸部只能看见一部分，要表现出肩胛骨的形状。

● 手臂

可以用球体表示关节，用圆柱体和多边形对四肢的结构进行概括。上肢通过肩头与胸腔相连，结构精细，动作灵活。为了表现出手臂的纤细，在绘制时要找准较为关键的骨骼转折点，一些肌肉起伏要适当弱化。

·手臂自然下垂的表现

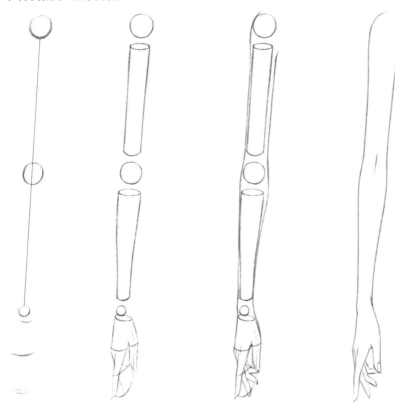

01 用圆球体来表现肩关节、肘关节和腕关节，三个圆球的大小依次递减，表示腕关节的圆球明显变小。自然下垂时手臂呈直线，略微标示出手掌的位置即可。

02 用几何体概括手臂的形态，大臂是匀称的圆柱体，几乎没有宽度变化；小臂是圆台，在手腕处明显收细。概括出手的形状。

03 用连贯的曲线将上一步绘制的几何体包裹起来，整理出手臂的形态。大臂的线条平顺，小臂上侧因为肱桡肌的发达会呈现明显的凸起，下侧在靠近手腕处有明显的凹陷，要将这微妙的曲线起伏表现出来。

04 擦除辅助线，整理出干净的线稿，添加肘窝，完成手臂的绘制。

·手臂叉腰的表现

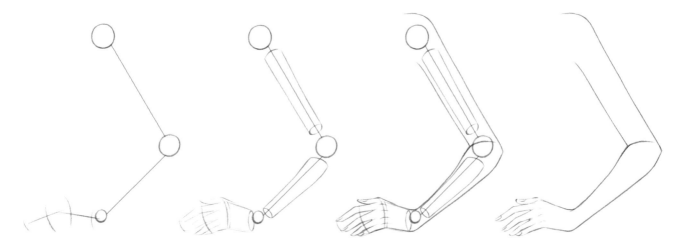

01 用圆球体来表示肩关节、肘关节和腕关节。因为叉腰，三个关节呈折线排列，此时大臂和小臂的长度与自然下垂时的长度保持不变。标示出手的位置。

02 同样用几何体来概括手臂的形态，大臂是平顺的圆柱体，小臂是粗细变化较为明显的圆台。细化手掌和手指的结构。

03 用连贯的曲线将上一步绘制的几何体包裹起来，整理出手臂的形态。大臂的形态与直立下垂时一样，基本不变，但小臂因为叉腰，肱桡肌的隆起会更加明显。手肘外侧呈三角形的肱骨头也会有明显的凸起。

04 擦除辅助线，将线稿整理干净，要注意肘弯处小臂对大臂的遮挡。

● 手

手的动态灵活多变，表现起来有一定难度。手的长度约为头长的3/4，分为手掌和手指两部分，这两部分的长度基本相等。大拇指位于手掌侧面，有较为独立的运动范围；其他四根手指长度不一，指关节排列呈弧形。

· 手自然下垂的表现

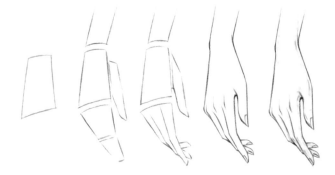

01　绘制一个上窄下宽的梯形作为手掌。

02　手腕、手掌和手指之间形成较为平顺的圆弧形，大拇指位于手掌侧面，其他四根手指用三角形概括，标示出第一指节的大概位置。

03　细分出四根手指，注意前后的遮挡关系。小指被完全遮挡，只能看见手背的关节。

04　擦除辅助线，用连贯的曲线整理线稿，添加手背上的指节和指甲。指甲的大小约为第一指节的一半。

05　将手掌看作梯形，将手指看作圆柱体，添加阴影表现出立体感。

· 手向上抬起的表现

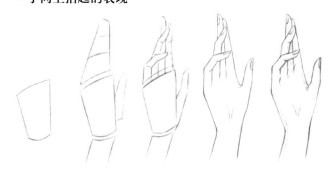

01　绘制一个上宽下窄的梯形作为手掌。

02　手腕和手掌之间有较为明显的转角，在手掌侧面绘制出大拇指。用三角形概括其他四根手指，并用弧线标示出指关节。

03　细分出四根手指，小指比其他三根指头细一些、短一些。注意手指前后的遮挡关系。

04　擦除辅助线，用短弧线绘制出手掌上的肌肉，再绘制出指甲。

05　适当添加阴影，通过阴影可以更明显地表现出手的立体感和手指的前后关系。

· 手握拳的表现

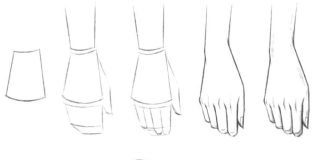

01　先用几何体概括出手掌，上、下边缘要表现出圆弧的透视效果。

02　用几何体概括出手腕和手指，大拇指在手掌侧面。因为握拳，从手背方向只能看见四根手指的第一指节和第二指节的极少部分。

03　细分出四根手指，尤其要强调指关节转折的部分。

04　擦除辅助线，用曲线整理线稿，强调手背上的关节。

05　适当添加阴影以表现出手的立体感，尤其是第二指节。因为内弯，可以通过阴影表现出指节前后的透视关系。

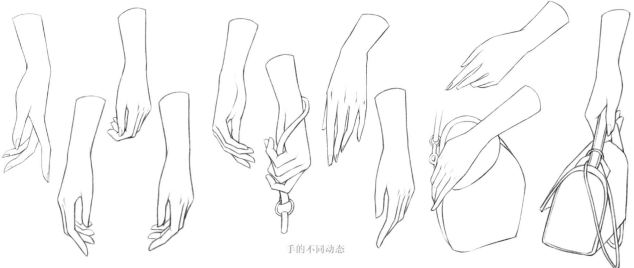

手的不同动态

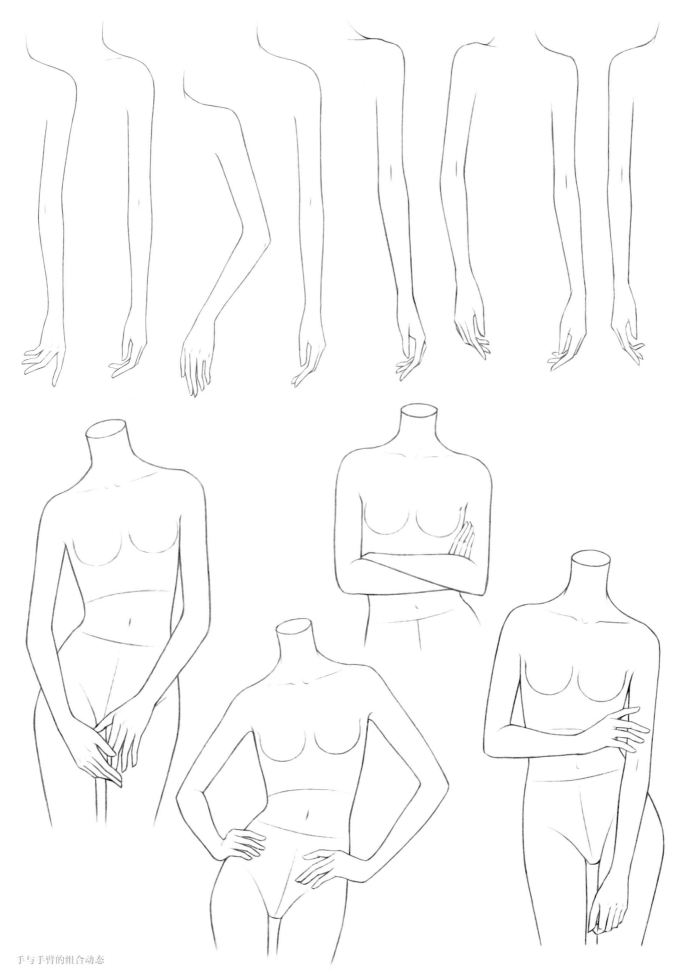

手与手臂的组合动态

● 腿

腿部的结构与手臂接近，大腿骨通过髋关节与盆骨连接，髋关节是下半身正面最宽的部位。腿部因为支撑身体的重量，比手臂更强壮，所以应该表现得具有力量感。

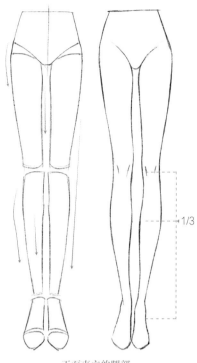
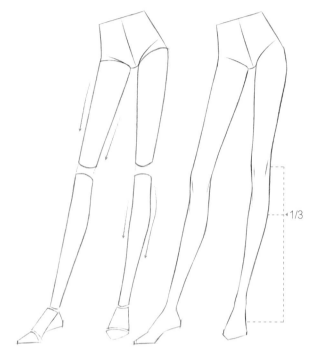

正面直立的腿部

正面直立时，腿部整体向内倾斜，在髋关节处会形成柔和的曲线。大腿的肌肉主要位于大腿骨上方，从正面显现不出肌肉的形态，用较为顺直的曲线表现即可。小腿的肌肉凸起明显，即使从正面也能清晰地看到。小腿肌肉凸起的高点，位于整个小腿的1/3处。

侧面有动态的腿部

从侧面看，大腿上方会有微妙的肌肉隆起的弧度；大腿下方因为拉伸，线条较为平直。小腿的胫骨是人体所有骨骼中最直的，而腓肠肌的形状饱满，这种曲直对比在侧面的小腿上体现得尤其明显。

· **正面直立腿的表现**

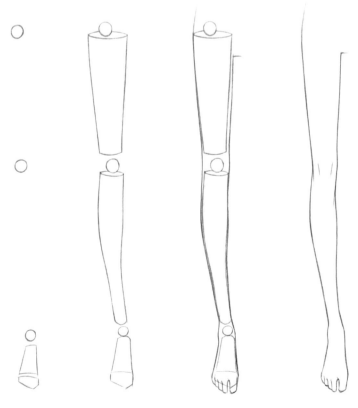

01 用圆球体表现髋关节、膝关节和踝关节，三个圆球的大小依次递减，表示踝关节的圆球明显变小。自然站立时，腿呈现向内倾斜的形态。用几何体简略标示出脚的外形。

02 用几何体概括腿的形态，大腿线条匀称，从髋关节到膝盖逐渐收窄；小腿因为肌肉的影响呈现出一定的弧度，小腿外侧的曲线较为平缓，内侧的曲线在小腿的1/3处隆起明显的高点，在小腿的1/2处内凹收窄。

03 用连贯的曲线将上一步绘制的几何体包裹起来，整理出腿和脚的形态。大腿外侧在髋关节处的转折饱满圆润，内侧裆部线条平顺。表现出膝盖的外轮廓，膝盖内侧凸起明显，外侧膝弯处线条较为平直。

04 擦除辅助线，整理出干净的线稿，添加膝盖的结构，注意膝盖和小腿间的穿插关系。

·侧面动态腿的表现

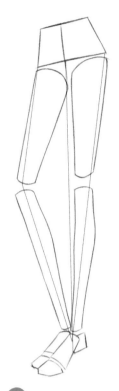

01 腿的动态与盆骨紧密相关，在绘制腿的动态时，必须明确盆骨的动态。用梯形概括盆骨，因为身体侧转的动态会使盆骨中线侧移。根据盆骨中线确定重心线。

02 用直线确定腿的动态，要保证重心的稳定。同时，两条大腿和小腿的长度要保持一致，不能因为动态的变化而出现一腿长、一腿短的情况。

03 用几何体概括出腿和脚的外形。大腿线条的弧度较为平顺。小腿因为侧转，前后两侧的线条有较大差异，前侧贴合胫骨的形状非常平直，后侧因为腓肠肌隆起，弧度十分饱满。

04 用曲线整理轮廓并添加裆部和膝盖的形状。两条腿侧转的角度不一样，左腿膝盖略微凸起，膝盖骨仍然位于腿的中间；右腿膝盖向前顶起，侧面只能看见极窄的一部分。

05 擦除辅助线，整理出干净的线稿，完成绘制。

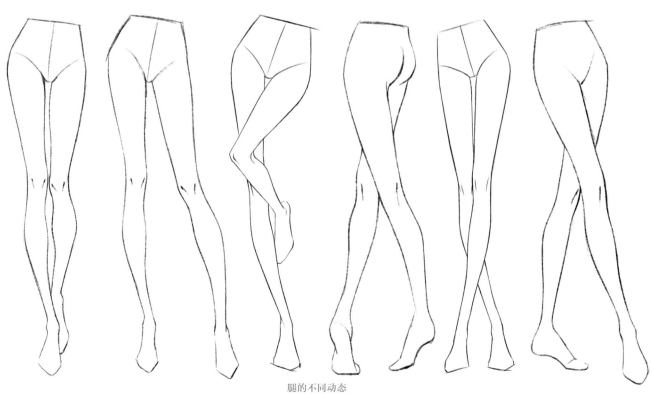

腿的不同动态

● 脚

　　因为要支撑身体的重量，所以脚掌较为厚实，脚趾也较为粗壮。与手相比，脚的动态相对较少，脚背、脚跟和脚趾的转折和扭动决定了脚的形态。此外，脚的表现和鞋息息相关，脚背的透视效果和绷起的弧度会根据鞋跟的高度而发生变化。

脚的结构示意图

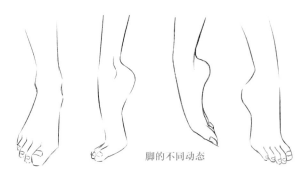

脚的不同动态

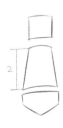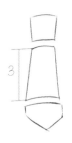

正面脚与鞋跟的关系

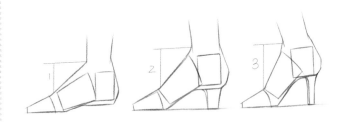

侧面脚与鞋跟的关系

鞋跟越低，脚背的长度越短，脚掌前后的宽窄差距会越大；鞋跟越高，脚背的长度越长，脚掌前后的宽窄差距不大。

鞋跟越低，脚背和脚弓的曲线越平直；鞋跟越高，脚背愈加绷紧，脚背和脚弓的弧度越大。

· **正面脚的表现**

01　用圆球体表示踝关节，确定小腿和脚背的角度。标示前脚掌的宽度。

02　用几何体概括出小腿、脚背和脚趾的形状。脚掌的前、后宽度差较大，脚掌和脚趾的长度会因为透视关系缩短。

03　绘制出脚趾，大脚趾较为粗壮，其他四根脚趾呈斜线排列。

04　用曲线整理脚的细节轮廓起伏，绘制出脚踝的形状，内侧的脚踝略高，外侧的脚踝略低。添加脚指甲。

05　擦除辅助线，整理出干净的线稿，完成脚的绘制。

· **正侧面脚的表现**

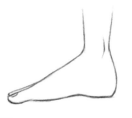

01　从侧面看，脚可以分为脚踝、脚掌、脚趾和脚后跟几部分，用几何体将其表现出来。

02　绘制脚的外轮廓，脚后跟的弧度饱满，足弓向内凹陷。

03　绘制出脚趾的细节，注意脚趾间的遮挡关系。踝关节的凸起位于脚踝的内侧。

04　擦除辅助线，将线稿整理干净。

·背面脚的表现

 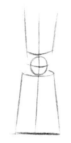   

01 用圆球体表示踝关节，确定小腿和脚后跟的关系。

02 从背面看，脚后跟占据了绝大部分，可以用上小下大的台体来表现。

03 明确脚后跟和脚掌的关系。脚掌几乎被完全遮挡，只能看见少许足弓的转折面。脚趾也只能看见少许趾尖。

04 用曲线整理细节结构，绘制脚踝的形状和脚掌底面的弧度。

05 擦除辅助线，整理出干净的线稿，添加脚后跟上方的筋腱，完成绘制。

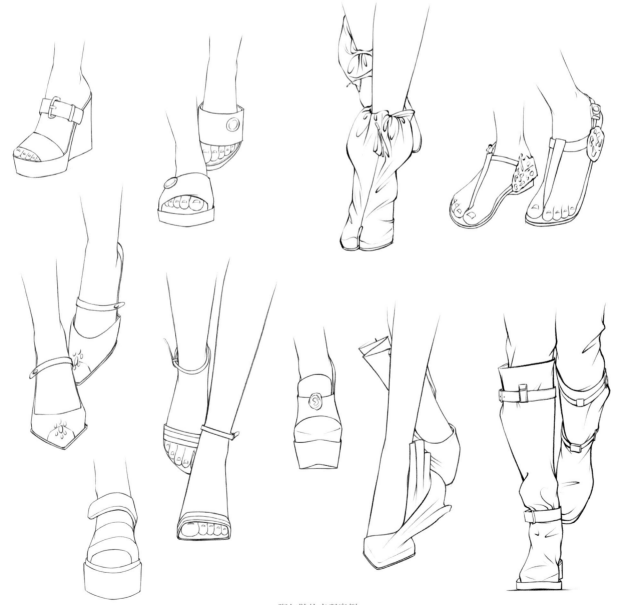

脚与鞋的表现案例

1.3.3 时装画中的发型

　　头发附着在头骨上，因此，发型的绘制要以头部结构为基础。系扎得越紧的头发，受头部体积的影响就越大；头发越蓬松，受头部体积的影响就越小。但是要注意，不论何种发型都有其自身的体积感，都会和头骨之间有一定的空间距离。

　　在绘制头发时，切忌一根一根均匀地描绘发丝，而是要注意头发的层次和走向。可以有意识地将头发进行分组，并处理好头发的疏密和穿插关系。此外，在表现头发时，不同的发丝质感可以通过线条的形态表现出来。例如，直发的线条要自然、流畅，卷发的线条要弯曲而富有韵律，盘发要根据发绺的走向来用笔。这些绘制技法都需要进行大量的练习才能熟练掌握。

● 超短发的表现

　　超短发的发丝较短，基本会附着在头骨上，呈现出比较明显的球体外形。刘海和紧贴面部的发丝需要重点刻画，后脑的发丝可以适当省略，以突显头发的体积感。

01 用铅笔轻轻绘制出面部和头发的外轮廓，找准头顶的位置，呈现出较为饱满的圆球形。在面部绘制出中轴线和眼睛位置的定位线。

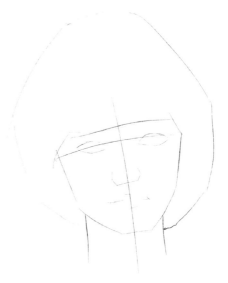

02 根据定位线绘制出五官的轮廓，再明确刘海的位置和造型。

03 将头发分组。先将刘海和头部两侧的头发作出区分，再将刘海进行细化，注意发梢的形状和刘海覆盖在额头上的状态。最后对五官进行细化。

04 将定位线擦除，根据头发的分组绘制发丝。发型整体呈圆球状，从发旋处开始用笔，用流畅的弧线来表现。额前刘海的高光处要留白，脸颊两侧的线条用笔较重，以表现出光影的变化。

● 短发的表现

　　短发的长度一般不会超过肩头，但发型的多样性并不逊于长发。案例选择的这款短发，刘海经过吹烫形成了较为独立的造型。头顶的头发附着在头部呈现为球体，而后脑和颈部两侧的头发自然下垂。发型整体较为柔和，要注意发型边缘的起伏和小股头发的穿插，做到层次清晰但变化丰富。

01 用铅笔轻轻绘制出面部的外轮廓和较为蓬松的发型的外轮廓。确定头发分缝线的位置，再绘制出刘海向左右分开覆盖在额头上的状态。在面部绘制出中轴线和表示眼睛位置的定位线。

02 整理出刘海的形状，通过线条的疏密变化来表现头发不同层次的叠压关系，注意头发对耳朵的遮挡。根据定位线绘制出五官的大致轮廓。

03 擦除定位线，绘制出五官的细节。进一步明确头发的分组，从凹陷的分缝线开始用笔，刘海要刻画得更细致，尤其要注意发绺的翻折和发梢的形状。从后脑披散下来的头发也要分组，以表现出前后层次。

04 根据每组头发的走向绘制发丝细节，头顶留白，下层发绺受到上层刘海阴影的影响，线条较为深重。头部两侧、耳后和颈部后面的线条也要加重，以增强前后空间感。描绘出发梢处细小散碎的发丝。

05 进一步加重发绺交界处阴影深陷的部分，适当描绘亮部的发丝细节，以丰富头发的层次感。

● 中长发的表现

　　表现中长发时除了注意头发本身的造型和层次外，还要注意肩部对头发产生的影响。中长发可能会因为在肩部堆积而产生弯曲和翻折，也可能会因为肩部而影响前后层次。另外，头发对耳朵和颈部的遮挡也要考虑在内。

01 用铅笔起稿，绘制出头发的整体轮廓和面部五官的大致位置。案例是一款较为自然的发型，头顶呈现出较为明显的球体外形，原本顺直向下的头发受到肩部的影响发生了弯折。

02 明确五官的结构，对头发进行大致分组。较为厚实的刘海覆盖在额头上，用圆弧线表现出刘海的体积。模特右侧的发梢搭在肩上，形成S形的转折。模特左侧的头发别在耳后，耳朵也会对头发顺势向下的走向产生影响。

03 细化头发的层次，整理每组头发的细节形态和相互间的穿插叠压关系，尤其要仔细描绘发梢的形状。分缝线、刘海下层、耳后以及颈部后面等处的头发处于阴影区域，线条要密集、深重一些。

04 从凹陷处向凸起处用笔，笔锋收尖，绘制出发丝的细节，在刘海凸起处和头顶处留白。每一缕头发都有光影变化，尤其是模特右侧的发梢，光影会随着头发的翻折而变化。

05 进一步加深分缝线、头部两侧、耳后和颈部后面头发的阴影，使头发的层次更加分明，体积感更强。

06 更加仔细地整理发梢的细节并绘制出一些飘散的发丝，使发型更加生动、自然。散碎的发丝仍然要根据发缕的走向用笔，数量不宜过多，以免发型显得凌乱。

● 长直发的表现

长直发能突显出女性文静、娴雅的气质。与卷发或盘发相比，长直发的表现相对容易，发丝层次较为单纯，发绺之间没有太多的遮挡。但是要想绘制出飘逸的长直发，笔触一定要流畅，线条排列要疏密有致，要主动去寻找变化，否则容易显得单薄、呆板。案例在长直发的基础上增加了发辫的变化，要注意发丝走向因系扎而产生的变化。

01 用长线条概括出头部与发型的整体外轮廓。案例选择的是背侧面的姿态，要注意头发对头、颈、肩的遮挡。

02 轻轻绘制出五官的大致轮廓。对头发进行初步分组，划分出后脑的发辫、下垂的长发和头顶后梳的头发这三部分。

03 细化头发的分组：紧贴头顶的头发用圆弧线表现出球体的体积，发辫的扭转会产生叠压的层次，下垂的长发要将每绺头发的走向交代清楚。绘制出五官细节。

04 进一步梳理头发的走向，表现出头发的层次感。头侧的发丝因为系扎发辫发向上揪起，压住头顶向后梳的发丝，并产生较为鲜明的投影。

05 继续梳理发辫和下垂长发的走向，发辫整体呈现出圆柱体的体积，其中有疏密层次的变化。下垂的长发被发辫收紧，呈轻微的放射状，然后逐渐散开，变得顺直。

06 加重阴影深陷的部分，尤其是因为发辫而发生穿插的部分，进一步表现头发的体积感和层次感。

07 描绘亮部发丝的细节，使头发的明暗过渡更加自然。添加一些散碎的细发，使发型整体更为生动。

● **卷发的表现**

　　通常卷发会因为发丝的卷曲而产生较强的空间感，发型的外观形成较大的起伏变化，显得非常蓬松。卷曲的发丝不仅形态多变，发绺之间的穿插和叠压关系也会更加复杂。在绘制卷发时，笔触要适当抖动，也可以用交错的短曲线来表现。

01 用长线条勾勒出头发的整体外观，发饰将头发划分为包裹着头部的部分和披散的部分。

02 根据发饰的划分，上半部分的头发从头顶方旋处发散出来，用较长的弧线表现出头发包裹着头部的状态；下半部分用波浪曲线勾勒出发卷起伏的轮廓并进行分组。绘制出头饰的大致轮廓。

03 根据分组整理发丝的走向，头顶部分要体现出球体的体积感，发绺之间要区分出主次关系。卷发部分要将上层主要发卷的走向和穿插关系交代清楚，下层及两侧的发卷可适当简化。用较为确定的笔触绘制发饰。

04 加重发丝的暗部区域，尤其是被发饰勒住的凹陷处，阴影非常深重。进一步整理上层发卷的形态，与下层发卷拉开层次。在头发的外轮廓和发梢处绘制出飞散的发丝，表现出头发的蓬松感。

05 继续加深头发的阴影部分，尤其是在发卷交叠的投影处，强调发卷的起伏和层次变化。

06 再次加重发饰对头发产生的投影以及强调头顶球体的体积感，调整发卷的整体关系，使头发的层次更分明，光感更强。刻画发饰的细节，完成绘制。

● 盘发的表现

盘发就是将头发盘成发髻或发辫，可以有多种样式。与披散的卷发相比，盘发的发髻有较为清晰的形状，体积感也非常鲜明。在绘制盘发时，要将发髻之间的穿插和叠压关系整理清楚，并适当区分出主次虚实，以体现发型整体的空间感。

01 绘制出面部五官和头发的大致轮廓，并将头发进行简单分组。发辫的排列较为规律，可以通过"人"字形的穿插线来细分每个发辫。模特左侧刘海的形状也要勾勒出来。

02 整理发辫的细节结构，加重每股发辫的交界处，发辫中间凸起的高处要留白，每股发辫都具有较为独立的体积感。细化模特左侧的刘海。擦除面部的辅助线并确定五官的形状。

03 根据发辫的体积和结构绘制发丝的细节，进一步加深发辫的凹陷处。模特左侧的刘海也要区分出层次，细碎的刘海和形态饱满的发辫形成视觉上的对比。刻画五官的细节。

04 进一步加深发髻间凹陷处的阴影区域，使盘发的结构更加立体。描绘外轮廓及发梢处散碎发丝的细节，为端庄的盘发增添几分灵动感。

发型表现案例

1.3.4 发型和妆容的综合表现

在时装画中，发型和妆容一方面作为整体时尚造型不可分割的一部分，能对人物和服装起到良好的衬托作用；另一方面也能够突显或改变人物的形象和气质，成为画面的点睛之处。设计师通常会对发型和妆容进行整体考虑，使头部造型形成一个统一的整体。

01 用铅笔绘制出面部五官、发型及饰品的线稿，注意墨镜和面部的透视以及面部、脖子和肩颈的关系。然后用彩铅勾线，整理出清晰的线稿。

02 绘制肤色，表现出面部及脖颈的立体感。从眉弓下方、鼻根、鼻底、颧骨下方和唇沟处开始绘制，墨镜会在皮肤上产生大面积的阴影。

03 用较深的肤色加深眼眶周围、颧骨下方、鼻底、唇沟等阴影处，加强面部和五官的立体感，面部在脖子上的投影也要加深，表现出面部和脖颈间的空间感。

04 用较深的棕红色勾勒上下眼睑，进一步加深阴影死角，增加明暗对比度。沿着五官的结构柔和用笔，以体现皮肤的光滑质感。用浅桃粉色初步绘制出嘴唇的颜色。

05 用中黄色绘制眼镜的亮部，用金棕色绘制暗部。眼镜框绘制得厚重一些，镜片颜色轻轻叠加在肤色上，要清晰地透露出眼睛，表现出镜片的透明度。用冰蓝色绘制眼珠，用黑色绘制瞳孔并勾勒出眼线和睫毛。

06 用有覆盖力的白墨水绘制出眼镜高光，高光点的分布和形状要详细刻画，表现出光泽感。用玫粉色进一步丰富嘴唇的色彩，上唇略深，下唇略浅点出高光，适当强调唇中缝，使唇形更加饱满。

07 绘制出眼镜两侧的吊饰，玳瑁的花纹分布要注意疏密关系。同样用白墨水绘制出高光，表现和镜框相同的材质感。

08 用浅黄色绘制头发的底色并初步突显出头发的体积感。短发较为蓬松，光泽感不强，但仍以分缝线为界形成两个半球体，在头顶部要适当留白。

09 用棕黄色绘制右侧头发的暗部并根据走向整理出发丝细节。额前、脸侧等前方主要发绺的走向清晰，并在压叠处加深，强调层次感。头顶、后脑等处的发丝刻画得简略一些。发梢的散发也要分出层次。

10 用同样的方法细化左侧的头发，注意头顶发绺由后向前的走向产生的叠压关系，以及耳朵对额前、鬓角发绺走向的改变。绘制散碎的发丝，使发型更加生动。

11 用熟褐色进一步整理发丝细节，尤其需要加重发绺叠压形成的阴影死角处以及头部、耳朵对头发产生的投影处，丰富头发的层次。

12 绘制衣物。内层衣物表现出针织领口翻折的厚度，外衣用短线条表现出皮草的质感，根据纱向绘制格纹。添加背景色烘托画面，调整画面的整体关系，完成绘制。

1.3.5 时装画中常用的动态

在时装画中，人体的动态是为了更好地展示服装，突显设计重点，服装和动态在画面中应该相得益彰。人体动态的形态多变，尤其是复杂的姿态和透视关系，表现起来非常困难，但就时装画而言，只要掌握一些常用的站立和行走的动态即可。通过对一些动态规律进行分析和掌握，可以绘制出平衡、稳定的动态。

● **人体运动的规律和重心**

人体每个部位的运动都是围绕各个关节进行的圆周运动，手臂的抬举、腿部的伸缩、腰部的扭转和俯仰等，都以关节为中心而展开。在没有透视关系的情况下，人体的各个部位在运动中的长度比例是不变的。此外，人体各部位的运动范围有一定的局限性，例如，手臂向前的活动范围大于向后的活动范围，腿部向外侧的活动范围大于向内侧的活动范围，腰部前屈的范围大于后仰的范围等，都是在绘制人体动态时需要注意的，要避免人体出现不合理的变形。

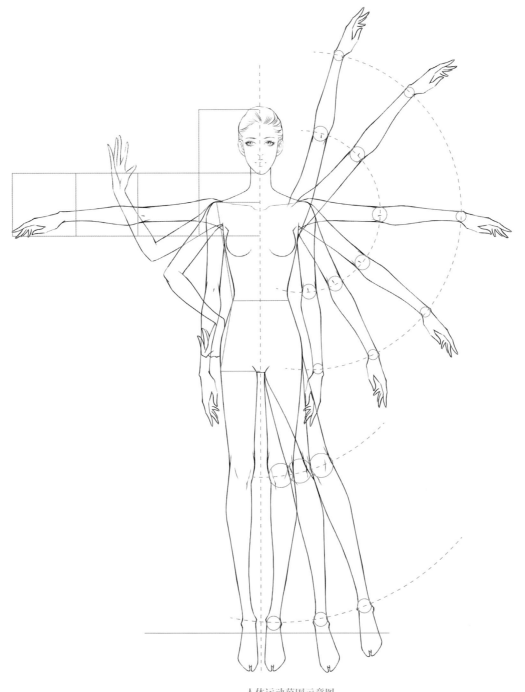

人体运动范围示意图

人体在做出各种动态时需要身体各部分互相协调，找准着力点来维持平衡，这个着力点就是人体的重心。通过锁骨中点引出一条垂线，这条垂线就是重心线。重心线不会根据人体的动态而变化，无论什么动态都可以借助重心线来检查是否稳定。就站立的姿势而言，动态和重心的关系可以分为两种情况：一种是两条腿平均支撑身体的重量，重心线落在两腿中间，胯部基本不摆动；另一种是一条腿主要支撑身体的重量，重心线落在支撑腿上或支撑腿附近，胯部向支撑腿一侧抬起。

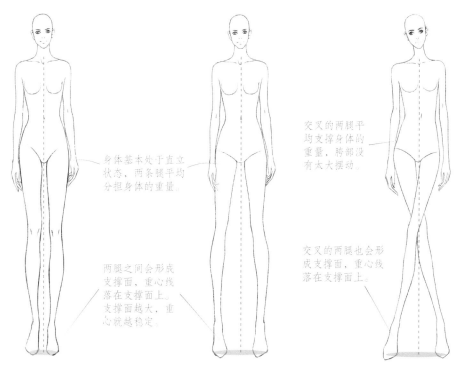

身体基本处于直立状态，两条腿平均分担身体的重量。

交叉的两腿平均支撑身体的重量，胯部没有太大摆动。

两腿之间会形成支撑面，重心线落在支撑面上。支撑面越大，重心就越稳定。

交叉的两腿也会形成支撑面，重心线落在支撑面上。

两条腿平均支撑身体的重量

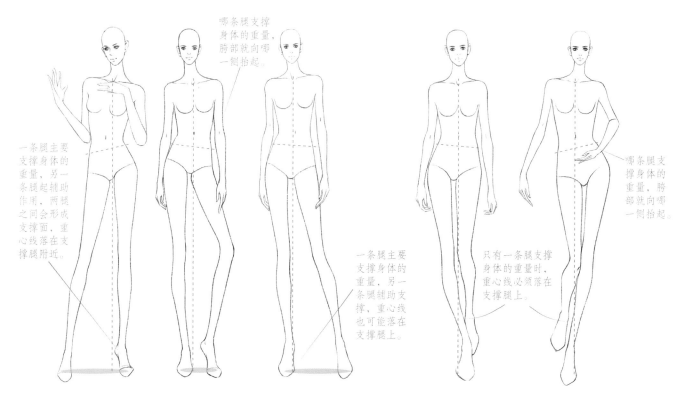

哪条腿支撑身体的重量，胯部就向哪一侧抬起。

一条腿主要支撑身体的重量，另一条腿起辅助作用，两腿之间会形成支撑面，重心线落在支撑腿附近。

一条腿主要支撑身体的重量，另一条腿辅助支撑，重心线也可能落在支撑腿上。

哪条腿支撑身体的重量，胯部就向哪一侧抬起。

只有一条腿支撑身体的重量时，重心线必须落在支撑腿上。

一条腿主要支撑身体的重量，另一条腿辅助支撑

一条腿支撑身体的全部重量

● 时装画中常用的 T 台动态

女性模特在T台上走一字步，能够突显臀部的摆动，体现女性身体的曲线美，也使服装的展示更为直观、生动。在绘制行走的动态时，首先要找准臀部摆动的弧度与人体重心的关系，再通过肩点连线找准胸腔和臀部之间的关系。在行走时，有可能上身保持直立，只有臀部摆动；也有可能肩部和臀部向相反的方向运动；还有可能上身侧转而臀部保持正面。不论是何种姿态，都要保证行走时重心的稳定。

· 向左摆臀的行走动态

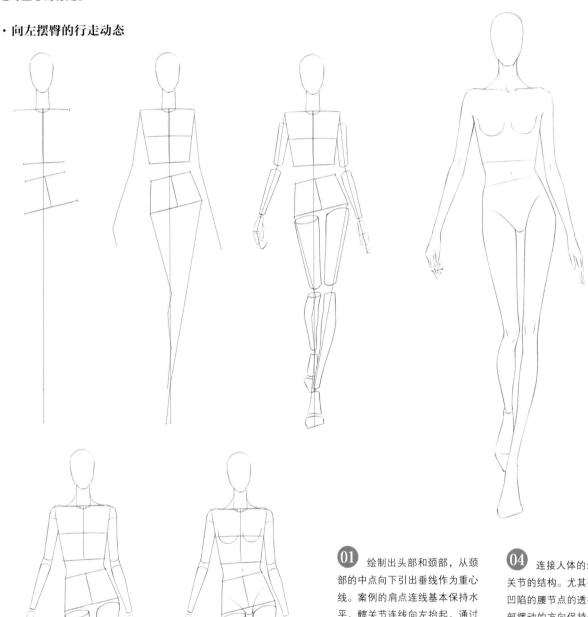

01 绘制出头部和颈部，从颈部的中点向下引出垂线作为重心线。案例的肩点连线基本保持水平，髋关节连线向左抬起，通过臀部中线和重心线的夹角可以确定臀部摆动的幅度。

02 用几何体概括出胸廓和臀部的形状。绘制出四肢的辅助线。胯部向人体左侧抬起，左脚落在重心线上。右腿离地，右小腿因为前后透视而明显缩短。

03 用几何体概括出四肢的形态，上臂和大腿的线条相对平顺，前臂和小腿的线条起伏明显，尤其是右小腿的曲线变化。

04 连接人体的外轮廓，强调关节的结构。尤其要注意腰部最凹陷的腰节点的透视，应该与臀部摆动的方向保持一致，左侧略高、右侧略低。

05 绘制出胸部和裆部的形状。胸部呈现出饱满的圆形，胸高点连线和肩点连线互相平行，基于人体中线左右对称；裆部腹股沟线基于臀部中线对称，倾斜的角度与髋关节连线保持一致。

06 擦除所有辅助线，整理出手指的细节，添加颈部、肘部、膝盖等部位细节的结构起伏，完成绘制。

·向右摆臀的行走动态

01 先绘制出头部，再确定颈部的动向。颈部有相对独立的运动范围，从脖颈处的中点引出重心线。案例表现的动态是模特向右压肩，向右抬胯，肩和胯的运动方向相反，躯干扭动明显。

02 用几何体概括出胸廓和臀部的形状，臀部倾斜的角度大于胸廓。绘制出四肢的辅助线，注意两条手臂的长度保持一致。由于右腿是支撑身体重量的腿，右脚应落在重心线上。两条腿前后有交叉，膝盖的连线和髋关节的连线基本平行，保证两条大腿的长度基本一致。左小腿向后抬起，仍然会产生前后透视。

03 用几何体概括出四肢的形态，胸高点的连线呈右低左高的状态。除了抬起的左小腿，踩地的右脚和下垂的左脚也形成明显的对比。

04 用连贯的曲线绘制出人体的外轮廓，肩头、膝盖和脚踝等关节的起伏要鲜明一些。腰部两侧腰节点的位置和臀部摆动的方向保持一致。

05 绘制出胸部和裆部的形状。胸部透视与肩部保持一致他，裆部腹股沟线倾斜的角度与髋关节连线的透视效果保持一致。

06 擦除辅助线，添加肢体的细节，完成绘制。

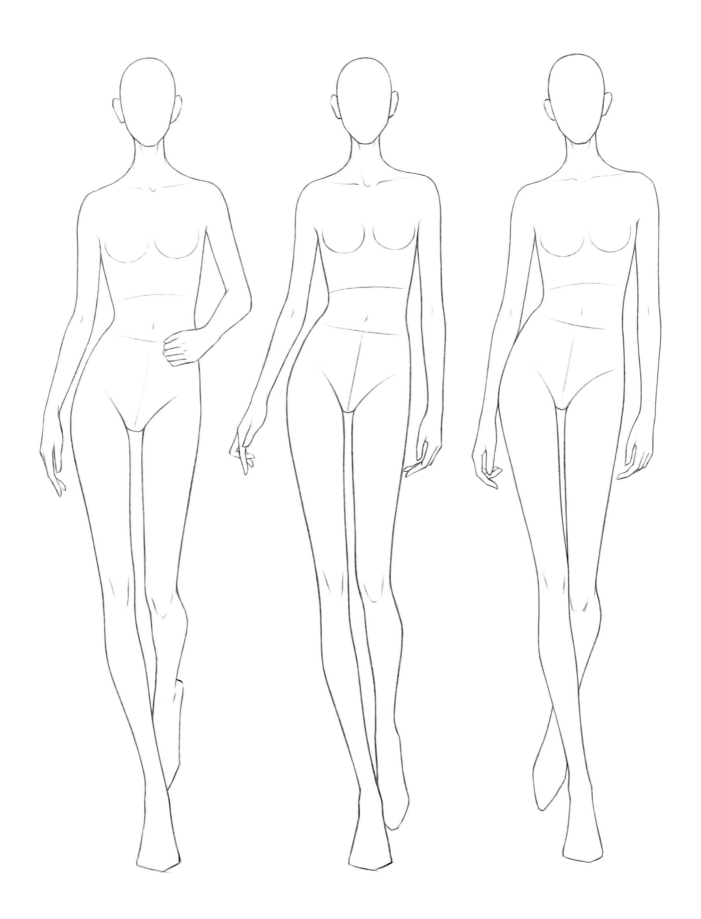

常用 T 台动态表现案例（1）

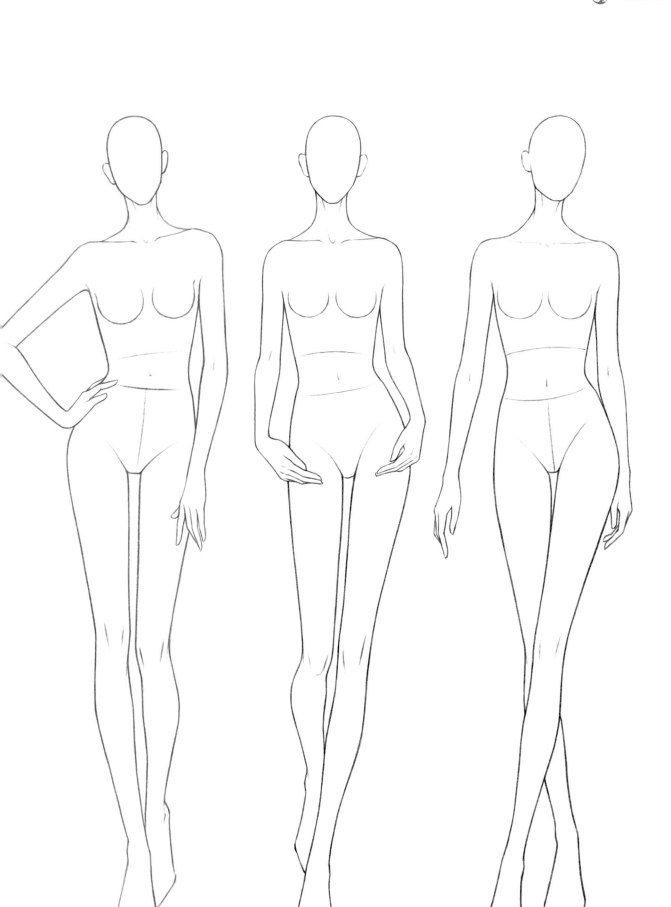

常用 T 台动态表现案例（2）

● 时装画中常用的站立动态

　　站立动态对服装的遮挡和干扰较少，能较为全面地展示服装，是时装画中常采用的一类动态。与T台动态一样，胸腔与臀部的关系和对重心的把握是表现的重点。由于没有行走抬腿的动作，腿部不会出现太大的透视变化；为了增加动态的生动性，手臂的动作和上半身的侧转扭动有可能增加表现的难度。

· 双腿支撑身体重量的站立动态

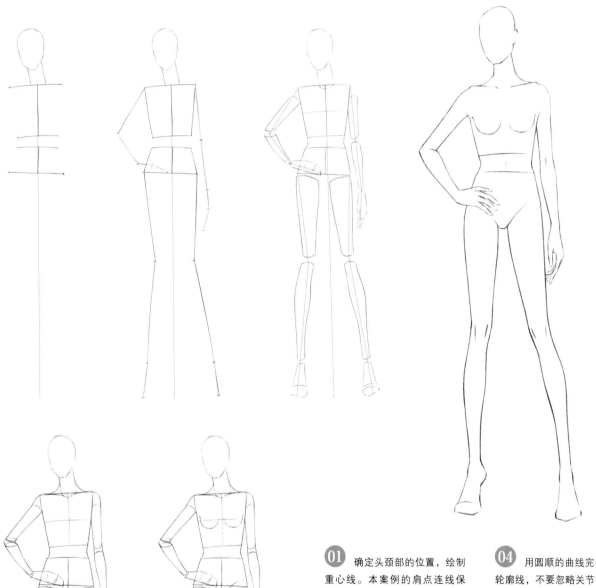

01　确定头颈部的位置，绘制重心线。本案例的肩点连线保持水平，臀部略微向人体右侧抬起。

02　用几何体概括出胸廓和臀部的形状。绘制出四肢的辅助线，两条腿都支撑身体的重量，两腿间形成一个支撑面。根据胯部抬起的方向，可以确定右腿支撑身体的主要重量，因此右腿离重心线略近。

03　用几何体概括出四肢的形态，绘制出胸高点连线，胸高点连线与肩点连线保持水平。

04　用圆顺的曲线完善人体的轮廓线，不要忽略关节和结构转折处的细节形态，尤其是右手小臂因为叉腰，肱桡肌比左手小臂凸起更加明显。

05　绘制出胸部和裆部的形状。因为动态较小，胸部和裆部基于中线左右对称。

06　在上一步的基础上添加细节，注意头部微妙的侧转。细化出手指、脚后跟和四肢关节等细节。擦除所有辅助线，整理出干净的线稿。

·单腿支撑身体重量的站立动态

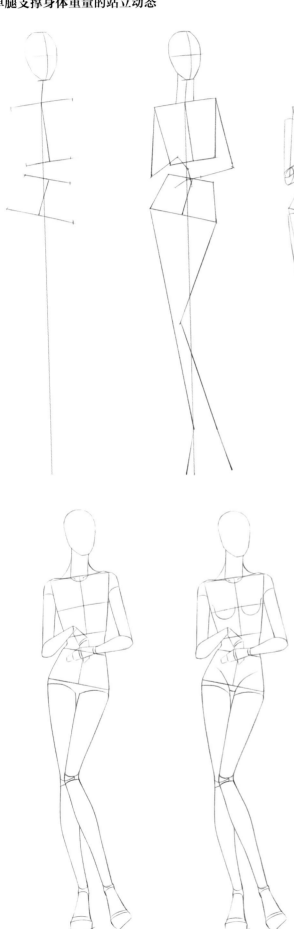

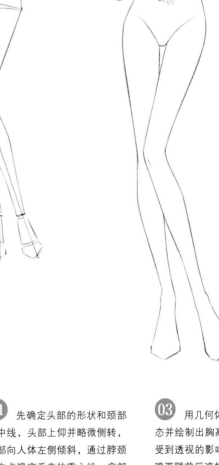

① 先确定头部的形状和颈部的中线，头部上仰并略微侧转，颈部向人体左侧倾斜，通过脖颈的中点确定垂直的重心线。肩部向右下压，臀部向右抬起，胸腔和臀部的运动幅度较大。颈部中线、上身中线和下身中线形成明显的S形，表现出身体的扭转。

② 用几何体概括出胸廓和臀部的形状，胸腔的倾斜与臀部的摆动方向相反，形成右侧躯体紧缩、左侧躯体拉伸的状态。绘制出四肢的辅助线。臀部向人体右侧抬起，右腿基本承担了身体全部重量，要绷直并落在重心线上。左腿放松弯曲，注意其长度应与右腿等长。

③ 用几何体概括出四肢的形态并绘制出胸高点连线。右小臂受到透视的影响会产生变形，明确两腿前后遮挡的关系。

④ 用圆顺的曲线完善人体的轮廓并适当强调关节的转折。因为动态较大，模特右侧腰节内陷明显，左侧腰节线条平顺。

⑤ 添加出胸部和裆部的形状，胸部透视关系与肩部保持一致，裆部透视关系与髋关节保持一致。

⑦ 在上一步的基础上完善细节。绘制出耳朵、手指的细节、颈部的肌肉和膝盖的形状等。擦除辅助线整理出干净的线稿。

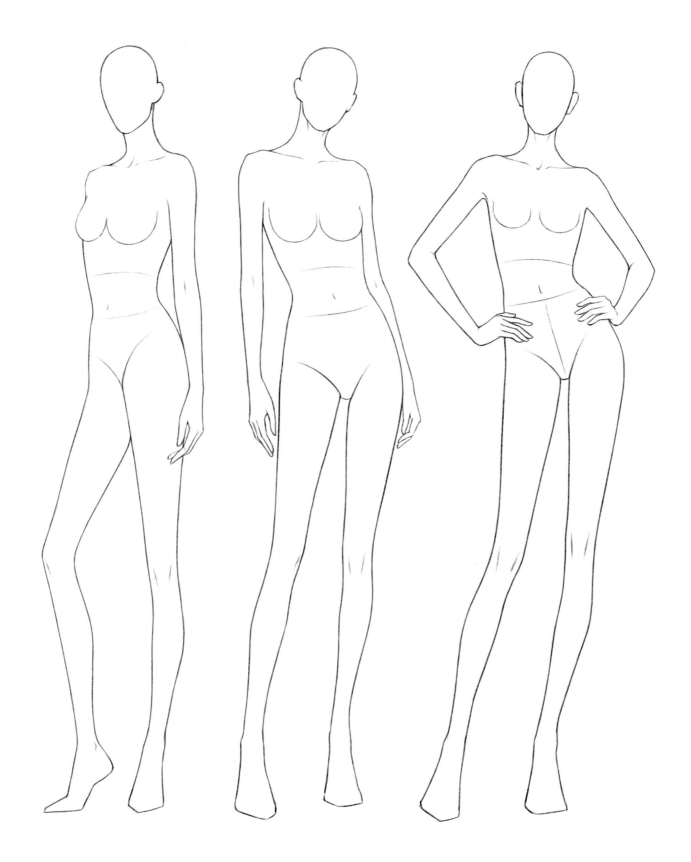

女性常用站立动态表现案例（1）

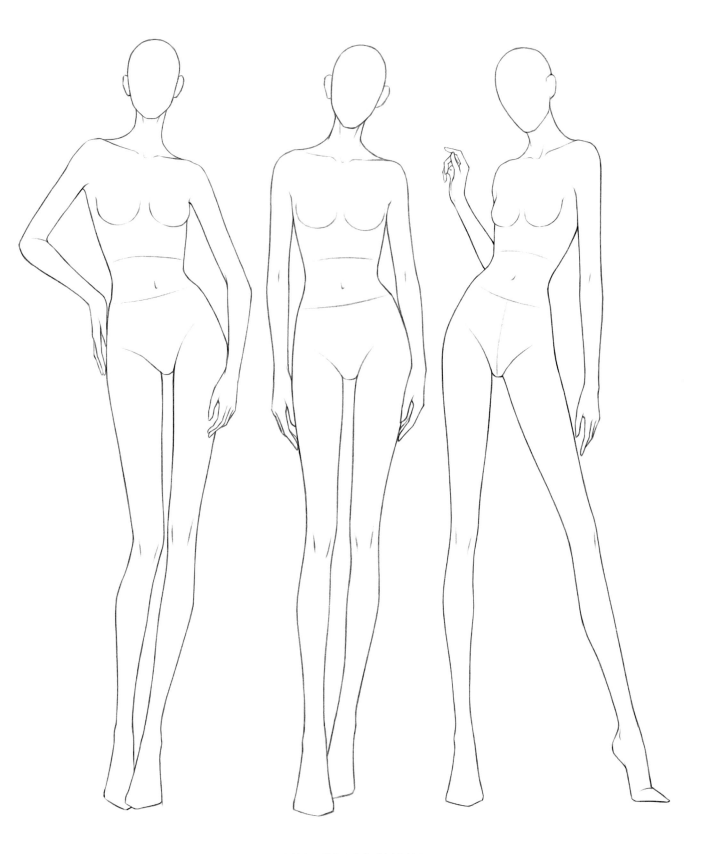

女性常用站立动态表现案例（2）

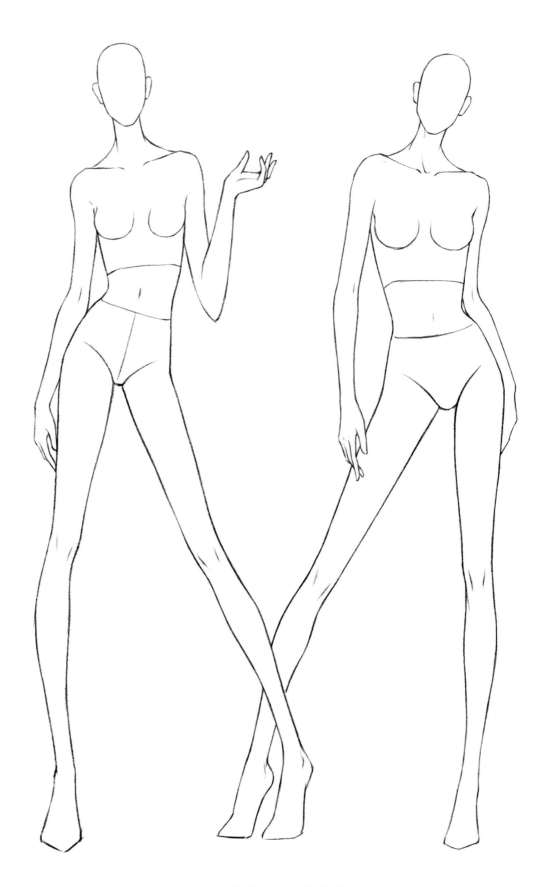

女性常用站立动态表现案例（3）

女性常用站立动态表现案例（4）

● 时装画中的男性动态

　　男性在人体比例上与女性相比有一定的差异，最为明显的是胸廓和臀部的比例关系。与女性丰胸、细腰、丰臀的体型不同，男性体型呈现的是宽肩、阔胸、细腰、窄臀的倒三角形，视觉重心位于上半身，以展现力量感。此外，男性的骨骼较为粗壮，肌肉更加发达，在走动时肩部的摆动幅度大于臀部，在绘制时要区别于女性，将这些特点展现出来。

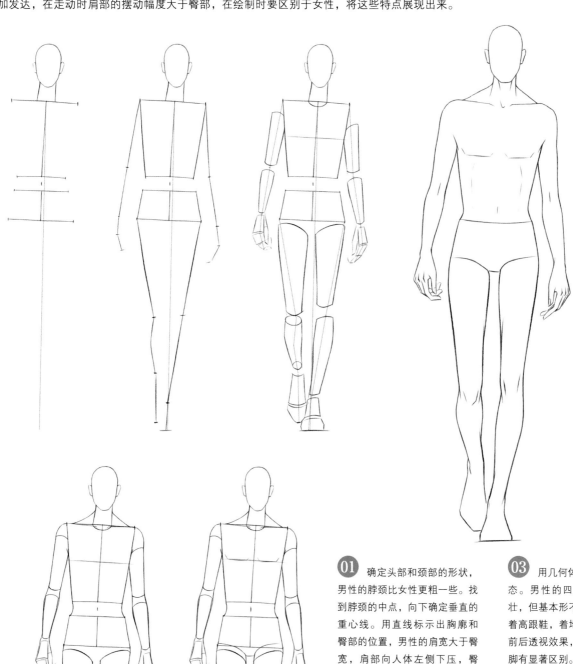

01 确定头部和颈部的形状，男性的脖颈比女性更粗一些。找到脖颈的中点，向下确定垂直的重心线。用直线标示出胸廓和臀部的位置，男性的肩宽大于臀宽，肩部向人体左侧下压，臀部基本保持水平，胸腔摆动的幅度略大于臀部。

02 用几何体概括胸廓和臀部的形状。男性的腰节点位置比女性低，因此上身较女性显得更长。绘制出四肢的辅助线，左脚位于重心线上，右腿抬起，右小腿产生明显的透视效果。在行走时，男性的手肘、膝盖等关节向外张开，这样更能体现出男性的气概。

03 用几何体概括出四肢的形态。男性的四肢较女性更为粗壮，但基本形不变。男性极少穿着高跟鞋，着地的左脚有明显的前后透视效果，与竖立悬空的右脚有显著区别。

04 用圆顺的曲线完善人体的轮廓。男性肩部的肌肉较厚，肩头、小臂和小腿的肌肉也较为发达，这些特点都要表现出来。

05 添加胸部和裆部的形状。男性的胸部平坦，简单勾勒出胸大肌的形状即可。

06 擦除辅助线，强调肌肉的轮廓，刻画细节，完成绘制。

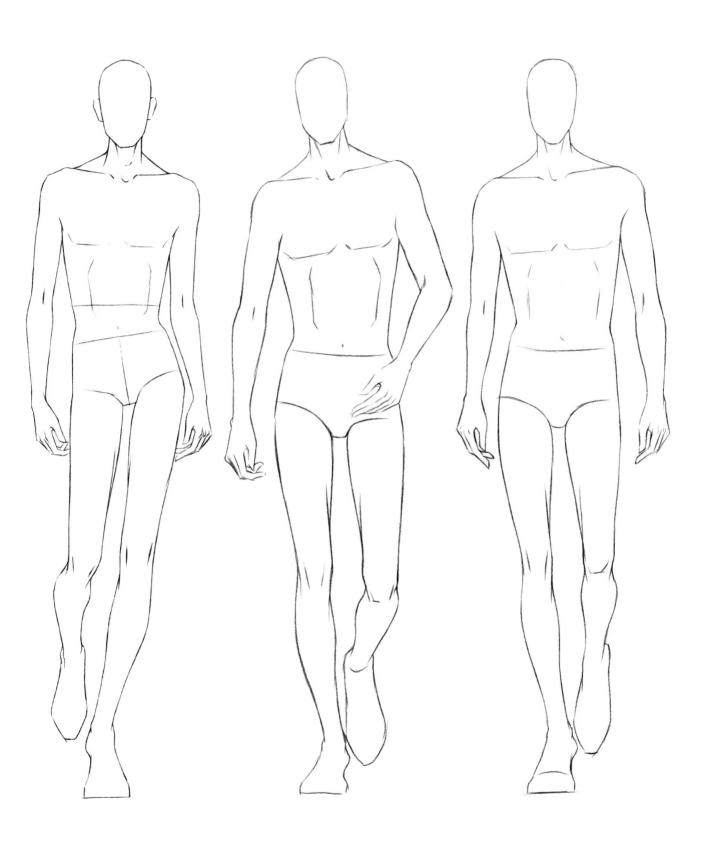

男性常用动态表现案例

1.4 时装与人体的关系

将平面的布料包裹在立体的人体上，布料与人体之间会形成空间，人体与布料的空间关系就是服装设计研究的重点。有的空间是必须的，这种空间能够保证人体的自由活动；有的空间则相对独立，不受人体结构和运动的影响，这种空间的塑造是服装结构设计的主要手段。不论服装的款式和造型如何多变，在绘制时装画时都不能忽略掩盖在布料下的人体结构与动态。

1.4.1 时装的廓形

廓形是一件或一套服装最为直观的外部形态，可以带来强烈的视觉冲击，并体现出设计的凝聚力。廓形的实现需要两大要素：一是服装结构的塑造，通过结构线、省道和褶皱来实现；二是服装面料的支撑，面料的质感及特性对廓形的实现至关重要，如果一些廓形过于夸张，就需要采用其他的工艺手段进行辅助，如烫衬、放入填充物或搭建支撑架等。

X 形

X形是最为传统的女装廓形，也是历史上使用时间最长的服装廓形。X形的服装能最有效地展现出女性丰胸、细腰、丰臀的"沙漏形"身体曲线，充分体现出女性的魅力。

A 形

在14世纪的哥特式时期出现了A形廓形，纵向的长线条能够拉伸身体的比例，这种廓形在帝政时期也极为风靡。在现代服装中，A形廓形弱化了身体曲线，展现出宽松、简洁的直线感。

H 形

H形是腰部宽松的廓形，出现在19世纪末20世纪初，女性从紧身胸衣的束缚中解脱出来，服装向着更为舒适的方向发展。著名设计师香奈儿的夫拉帕样式，就是那个时代的缩影。

T 形

T形是夸张肩部的样式，使女装具备了男装的特性，强调了女性强势的一面。最具代表性的T形服装是伊夫·圣罗朗的吸烟装，这种廓形的出现模糊了男女两性的性别特征。

O 形

O形是运动装及休闲装常用的样式，宽松的空间满足大量运动的需求。服装的开口处被带扣、抽绳或罗纹口收紧，避免了宽松的服装对动作形成的干扰。此外，造型独特的袖子也容易形成O形廓形，产生极强的装饰性。

1.4.2 时装各部件与人体的关系

　　服装的整体廓形是由服装的各个部件组合而成的，对各部件进行创新变化是一件既富趣味性又具有挑战性的工作，可以将所有部件以统一的风格整合起来，形成和谐、整体的外观；也可以单独强调某一部件，使其成为设计重点。

● 领子

　　在设计领子的时候需要注意领子和肩颈部位的关系。紧贴颈部的关门领，如旗袍的立领和有领座的衬衫领，需要留出颈部的活动空间或是采用有弹性的面料。开门领或装饰性的领子受到颈部的限制较少，结构上会更加自由。没有领子的服装，可以在领口线上进行设计变化。

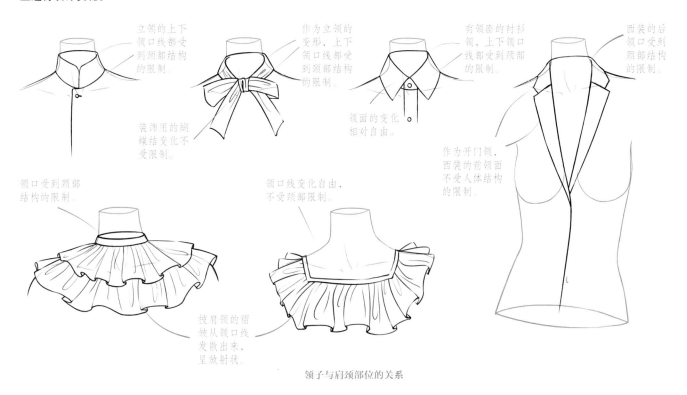

领子与肩颈部位的关系

不同款式的领子

● 袖子

袖子是所有服装部件中最具分量感的部件。袖子的造型在很大程度上能够决定服装的整体廓形。通常而言，不同的袖子会与相应的服装款式进行搭配：两片袖搭配西装或外套，一片袖搭配衬衫或连衣裙，插肩袖多用于运动夹克或外衣，装饰袖则多用于前卫或设计感强的服装。

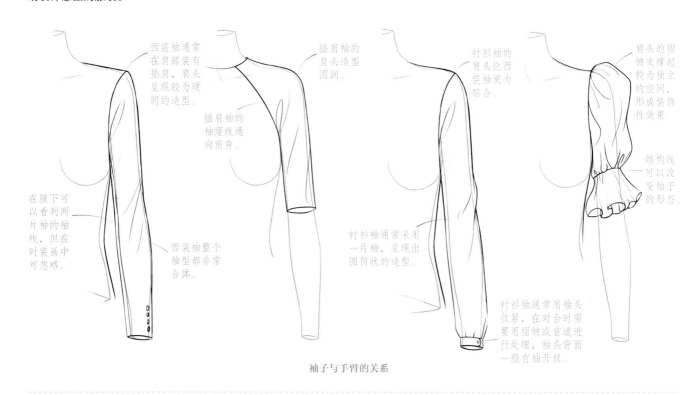

西装袖通常在肩部装有垫肩，肩头呈现较为硬朗的造型。

插肩袖的袖窿线通向前身。

插肩袖的肩头造型圆润。

衬衫袖的肩头比西装袖更为贴合。

肩头的褶皱支撑起较为独立的空间，形成装饰性效果。

结构线可以改变袖子的形态。

在腋下可以看到两片袖的袖线，但在时装画中可忽略。

西装袖整个袖型都非常合体。

衬衫袖通常采用一片袖，呈现出圆筒状的造型。

衬衫袖通常用袖头收紧，在对合时需要用褶皱或省道进行处理，袖头背面一般有袖开衩。

袖子与手臂的关系

不同款式的袖子

● 门襟

　　要将服装穿在人体上，就必须考虑合适的穿脱方式，对门襟的设计正是对服装穿脱方式的设计。门襟可以分为两大类：一类是叠襟，左右衣片交叠，形成一定的重叠量，用纽扣、钉扣等方式闭合；另一类是对襟，衣片不需要重叠量，靠拉锁、挂扣、系绳等方式闭合。在设计时，可以将领子、下摆和门襟看作一个整体，统一考量。

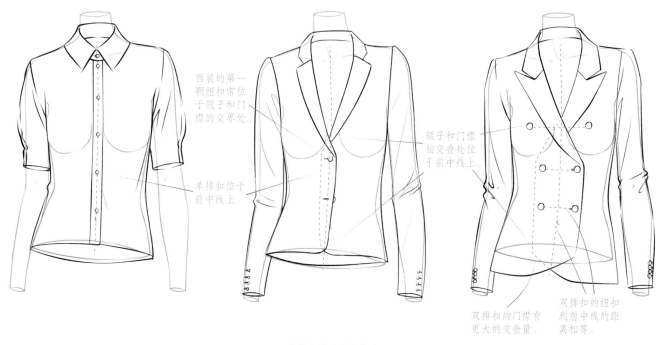

西装的第一颗纽扣常位于领子和门襟的交界处。

单排扣位于前中线上。

领子和门襟相交叠处位于前中线上。

双排扣的门襟有更大的交叠量。

双排扣的纽扣到前中线的距离相等。

门襟与前中线的关系

不同款式的门襟

● 腰头

　　腰头是非常容易被忽略的部件，但其作用却不容小视。一方面，腰头对下半身的服装起到固定作用，尤其是臀部宽松的裙装或裤装，完全依赖于腰头的固定；另一方面，腰头作为上、下装的分界线，在某种程度上可以划分上、下半身的比例，对服装造型进行调节。一些宽松的服装搭配腰带，也可以达到类似的效果。

腰头与腰部的关系

不同款式的腰头

● 口袋

　　口袋是服装上最具功能性的部件之一，不同用途的服装会搭配不同类型的口袋。西服等较为正式的服装或较为轻薄合体的服装通常会搭配挖袋，休闲类服装通常会搭配贴袋，而功能性服装则会增加口袋的容量并用明线、铆钉、贴片等进行加固。虽然口袋是一种功能性部件，但越来越多的设计师也会赋予其装饰作用，这使得口袋的样式向着复合型发展。

手巾袋一般是单开线的挖袋，是一种礼仪性的口袋。

Blazer 西服的手巾袋采用贴袋，可将俱乐部的徽章绣在上面。

口袋上的明线能起到加固作用。

复合型口袋强化了功能性。

西服上有时候会配有小的零钱袋。

双开线配有袋盖的口袋在西服上较为常见。

双开线无袋盖的口袋显得更加贴服。

贴袋给人以休闲的感觉。

工装袋增加了一个底面，使口袋的容量更大了。

几种典型的口袋样式

不同款式的口袋

1.4.3 褶皱的表现

要想将服装绘制得生动、自然，对褶皱的表现就必不可少。褶皱的形态千变万化，面料的质地、人体的运动、服装的款式及加工工艺都会影响褶皱形态的变化。总体而言，服装的褶皱可以分为两大类，一类是因为人体运动而产生的自然褶皱，这类褶皱能够体现模特的动势，表现着装的效果；另一类是经过工艺加工而形成的装饰性褶皱，属于服装的款式特征，在表现时要适当突出。

● 人体运动形成的褶皱

人体运动所形成的褶皱实际上反映了服装与人体的空间关系。通常而言，越宽松的服装和人体之间的空间越大，也就越容易产生褶皱，而人体的运动会使褶皱的变化更加复杂。根据人体运动的形式，可以将这类褶皱归纳为以下三类。

·挤压褶

肢体在运动弯曲时容易产生挤压褶。挤压褶具有较强的方向性，会在弯曲下凹的地方汇集，最典型的挤压褶一般出现在肘弯处和膝弯处，呈放射状。

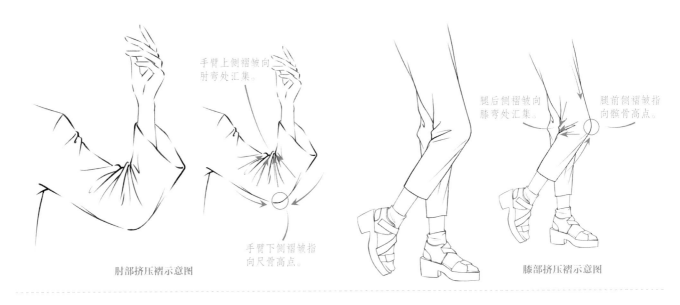

手臂上侧褶皱向肘弯处汇集。

手臂下侧褶皱指向尺骨高点。

腿后侧褶皱向膝弯处汇集。

腿前侧褶皱指向髌骨高点。

肘部挤压褶示意图

膝部挤压褶示意图

挤压褶表现范例

·拉伸褶

　　人体在伸展运动时会形成拉伸褶。拉伸褶也是方向明确的放射状褶皱，抬起手臂或迈步时，在腋下和裆部就容易产生明显的拉伸褶。运动的幅度越大，服装越紧贴身体，拉伸褶越明显。

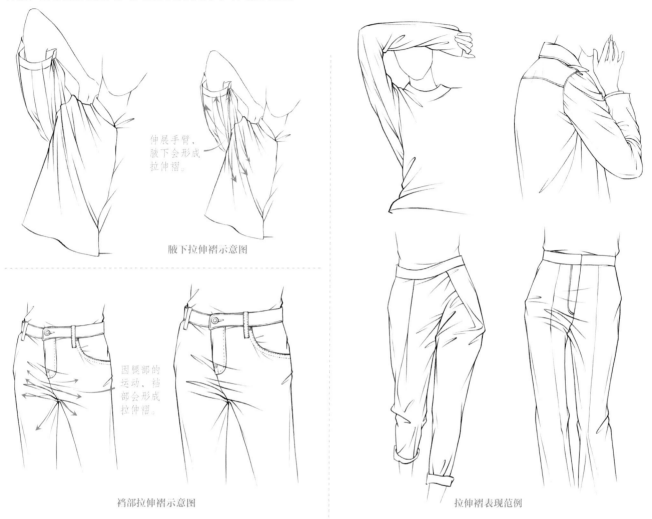

伸展手臂，腋下会形成拉伸褶。

腋下拉伸褶示意图

因腿部的运动，裆部会形成拉伸褶。

裆部拉伸褶示意图

拉伸褶表现范例

·扭转褶

　　扭转褶通常出现在可以扭动的关节部位，最为明显的是腰部，大臂和颈部等处也会出现少量的扭转褶。通常扭转褶的褶皱不如挤压褶或拉伸褶明显，但如果服装在腰部有较大的松量并且扭转明显，就会产生贯通的S形长褶。

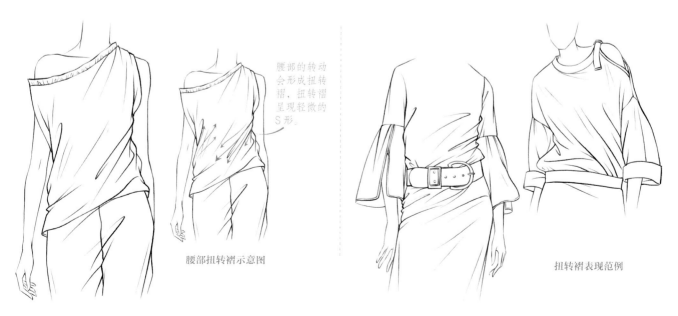

腰部的转动会形成扭转褶，扭转褶呈现轻微的S形。

腰部扭转褶示意图

扭转褶表现范例

● 服装工艺形成的褶皱

　　用工艺手段制作的褶皱也可以分为两类，一类是通过褶皱来塑造服装的廓形，改变服装的结构，如羊腿袖、塔裙等；另一类是通过褶皱来改变面料的表面状态，形成富有装饰性的肌理效果，如三宅一生的"一生之褶"。不管出于何种目的，褶皱都是设计师最常采用的设计手法之一。

· 缠裹褶

　　缠裹褶并没有绝对的方向性，根据面料缠裹的方式和走向确定褶皱的走向即可。如果褶量足够大，会产生多条几乎平行的褶皱；如果褶量较小或紧贴身体，则会受到身体凸起的高点（如胸点或胯高点）的影响，产生一定的发散形褶皱。

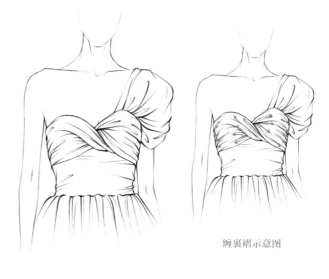

缠裹褶示意图

01　根据服装的款式和褶皱的走向将褶皱分组，勾勒出每组褶皱的外轮廓，注意每组褶皱间的叠压关系。

02　绘制出褶皱的主要走向。受缠裹方向和蝴蝶结的影响，褶皱呈现出从身体左侧至右侧的发散状。

03　丰富褶皱的细节。面料轻薄会产生较为细密的褶皱，多条小褶会形成平行走向，但仍要保持上一步确定的大走向。

04　擦除人体轮廓，进一步整理褶皱的疏密关系和叠压效果，完成绘制。

缠裹褶表现范例

· 悬荡褶

　　将面料松松地披挂在身体上就会产生悬荡褶。悬荡褶不像缠裹褶那样紧贴身体，而是与身体之间留有较大的空隙。悬荡褶通常有两个或两个以上的固定点，形成U形或V形的褶皱形态。在绘制时，可以用流畅的长曲线来表现褶皱的韵律。

悬荡褶示意图

01 由于肩部的支撑，褶皱呈现出U形的形态，注意褶皱在肩部的翻折。

02 进一步绘制出服装的款式，内层的胸衣紧贴身体，与悬荡的领口形成对比。

03 添加褶皱的细节，褶皱从肩部的支撑点发散而出，在中部悬荡处形成堆积。添加内衣和衣身上的细小褶皱。

04 擦除身体的线条，整理出干净的线稿。本案例表现的面料较为挺括，不会产生太多碎褶，完成的线稿要做到主次分明。

悬荡褶表现范例

·堆积褶

　　如果面料过长就会形成堆积褶，袖口、裤口或下摆处是最常产生堆积褶的部位。堆积褶的形态和悬荡褶比较接近，但是褶量较小，也没有明显的固定点，一般会形成半弧形或Z形的平行褶皱。如果服装过紧，在关节处也会出现横向堆积褶，这是因为运动形成了面料的拉伸，在人体恢复到静止状态后，被拉伸的面料就会形成缠裹着人体的堆积褶。

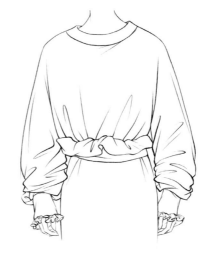

堆积褶示意图

01 绘制出服装的大致款式，袖子因为上推到肘部，形成了轮廓较为膨胀的堆积褶。

02 绘制出主要的褶皱，要注意横向褶皱的走向和外轮廓的起伏关系。

03 添加服装的结构线和碎褶。此款服装的面料较为挺括，褶皱数量不多但起伏明显，一些碎褶可适当省略。

04 擦除人体的线条，进一步完善细节，完成绘制。

堆积褶表现范例

·悬垂褶

悬垂褶是所有褶皱中形态最为自然的褶皱。如果人体处于稳定、静立的状态，悬挂的布料受到重力的影响，会呈现纵向的长褶皱。服装越宽松，产生的褶量越大，褶皱也就越鲜明。此外，一些垂坠感很强的面料，如丝绸、雪纺或轻薄针织面料，在褶量很小或是系扎的情况下，也会因为其垂坠性产生纵向的悬垂褶。

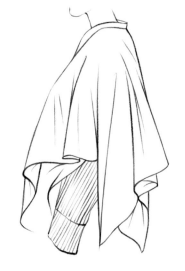

悬垂褶示意图

01 概括出褶皱的轮廓形态，尤其是大的翻折面要标示清楚。

02 绘制出纵向的褶皱，因为面料自身具有一定的支撑力，褶皱呈现轻微的发散趋势。

03 用流畅的曲线对线稿进行整理，尤其是下摆的弯曲和转折，要与纵向的褶线一一对应。

04 擦除身体的线条并添加碎褶，使画面更加丰富、生动。

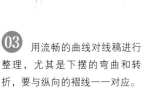

悬垂褶表现范例

·系扎褶与缩褶

　　将原本宽松的面料用腰带或绳带收拢，就会产生系扎褶。如果将这些褶皱固定起来，就是缩褶。缩褶的实现可以采用多种方式，如折叠、抽褶等，甚至在缝纫明线时缝纫线的收缩力都会在面料上产生细碎的缩褶。系扎褶和缩褶都是不规则的放射褶，从固定处向上、下两侧发散。如果褶皱过于细碎，在绘制时要注意取舍，把握住大方向，以避免褶皱过于凌乱。

系扎褶示意图

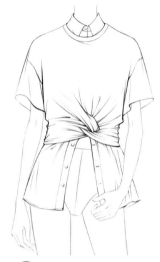

01 用长直线概括出服装的大体轮廓，标示出系扎褶的位置。

02 绘制出系结的形态，以系结为中心形成放射状的褶，注意褶皱的叠压和穿插关系，先明确大褶、长褶的位置。

03 用曲线整理服装的款式和主要的褶皱，然后添加碎褶。碎褶要有所取舍，既要表现出丰富的变化，又要保持整体走向。

04 擦除身体的线条，完善画面，整理出干净的线稿。

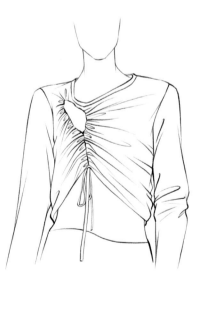

系扎褶和缩褶表现范例

·褶裥与荷叶边

褶裥与荷叶边是服装极为常用的塑型和装饰手段。这两种褶皱从原理上来讲属于缩褶，但是外观比缩褶更加鲜明，变化更为多样。褶裥通常是规律性的叠褶或压褶，可以有多种折叠方式。如果是通过热压定型的细密褶裥，可以将其当作面料的表面肌理去绘制。在绘制荷叶边时，则要注意其翻折变化和疏密穿插。

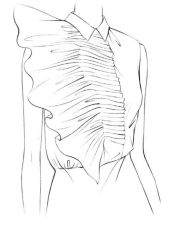
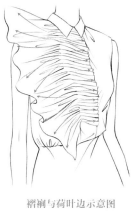

褶裥与荷叶边示意图

01 绘制出服装款式的大概轮廓，此款式最具特色的是门襟处的大面积细叠褶，在起稿时就要将其翻折结构整理清楚。

02 绘制出褶皱的主要折叠线。在固定褶裥的门襟处，褶裥的宽窄相等，呈平行排列，在肩部散开的另一侧形态相对自由。

03 添加碎褶，门襟处的碎褶尤其集中。大褶裥因为翻折露出反面，褶皱的走向也随之产生相应的变化。

04 擦除身体的辅助线，整理完成线稿。褶裥具有规律性，但并不呆板，在绘制时要做到张弛有度，统一中富有变化。

褶裥与荷叶边表现范例

02 用彩铅表现各种面料质感

2.1 用彩铅表现光滑的绸缎面料

要想将绸缎面料表现得栩栩如生，就要抓住其两大特点：其一是绸缎光滑的质感，要通过较为强烈的明暗对比来表现并协调好高光和反光的关系；其二是绸缎的柔软感和垂坠感，要通过大量的褶皱来表现。与薄纱细碎的褶皱不一样，丝绸的褶皱更加流畅，转折更加圆润，具有较强的方向性，因此，在绘制时要注意梳理和取舍。

2.1.1 绸缎面料表现步骤详解

案例选择的是一款胸部有系扎缠裹设计的斜摆小礼服，优美的褶皱能够很好地体现绸缎的质感。款式较为紧身，要特别注意褶皱包裹着人体的状态，根据人体的结构起伏来确定褶皱的走向和疏密。明暗关系也要符合人体的结构转折，不能因为刻画褶皱细节使整体关系显得凌乱。金属和宝石饰物完美点缀，要表现出其坚硬的质感，与柔软的绸缎形成对比。

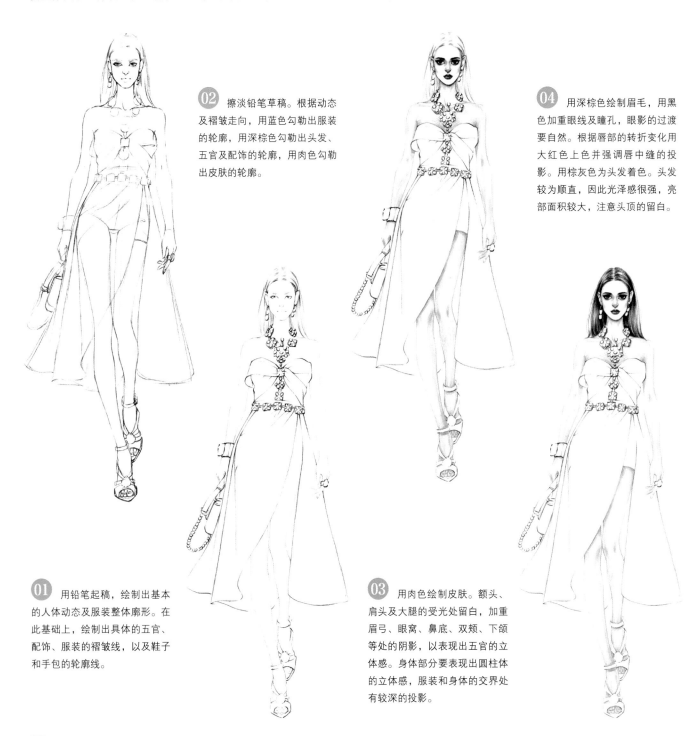

02 擦淡铅笔草稿。根据动态及褶皱走向，用蓝色勾勒出服装的轮廓，用深棕色勾勒出头发、五官及配饰的轮廓，用肉色勾勒出皮肤的轮廓。

04 用深棕色绘制眉毛，用黑色加重眼线及瞳孔，眼影的过渡要自然。根据唇部的转折变化用大红色上色并强调唇中缝的投影。用棕灰色为头发着色。头发较为顺直，因此光泽感很强，亮部面积较大，注意头顶的留白。

01 用铅笔起稿，绘制出基本的人体动态及服装整体廓形。在此基础上，绘制出具体的五官、配饰、服装的褶皱线，以及鞋子和手包的轮廓线。

03 用肉色绘制皮肤。额头、肩头及大腿的受光处留白，加重眉弓、眼窝、鼻底、双颊、下颌等处的阴影，以表现出五官的立体感。身体部分要表现出圆柱体的立体感，服装和身体的交界处有较深的投影。

05 用浅蓝色为裙子大面积铺色，注重整体的体积关系，胸部和紧贴大腿的地方要留白，加重身体两侧和裙摆内侧，然后绘制出裙摆大褶浪的起伏。

07 用更深的蓝色加重上身褶皱的暗部、明暗交界线及投影，加强与高光的明暗对比，拉开褶皱的前后关系，强调褶皱细节的形态变化，以突显绸缎的光泽感。

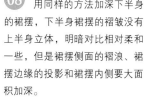

06 用宝石蓝加深裙子的暗部，表现出褶皱的起伏。绸缎的光泽感较强，明暗对比鲜明，要尤其注意受光处的留白。上衣蝴蝶结处的褶皱呈现出明显的放射状，臀部褶皱则受到向前迈步的大腿影响，有明显的方向性，在绘制时要有取舍。

08 用同样的方法加深下半身的裙摆，下半身裙摆的褶皱没有上半身立体，明暗对比相对柔和一些，但是裙摆侧面的褶浪、裙摆边缘的投影和裙摆内侧要大面积加深。

09 用与裙子同样的颜色绘制出鞋子，皮革的光泽感比绸缎更强烈，高光留白的形状更加明显。

10 用浅棕色及中黄色相叠加，为饰品及手包的链条上色，金属的质地坚硬，光泽感也很强，因此要留出形状鲜明的高光区域。

11 用深蓝色为手包着色。受到裙摆投影的影响，手包的亮部面积较窄，可少量留白，暗部及靠近裙摆的部分需要用黑色加深。用深蓝色绘制配饰上镶嵌的宝石，注意留白以体现宝石的光泽感。补充细节，完善画面。

2.1.2 绸缎面料表现作品范例

2.2 用彩铅表现质朴的牛仔面料

牛仔布的最大特点是厚实、耐磨，而且大多数牛仔布的表面都有较为清晰的斜向纹理。牛仔服最早是淘金工人穿着的服装，因此，在接缝处会有明显加固的痕迹。在绘制时，接缝处加固的明线以及由加固引起的细碎褶皱都需要进行充分刻画，以强调牛仔服装的特征。

2.2.1 牛仔面料表现步骤详解

通常而言人们都偏好新衣，唯有牛仔类服装不同，为了体现其作为工作装的特征，牛仔服往往会采用水洗、磨白、破洞毛边等做旧工艺。本案例中牛仔裤上的图案也经过了工艺手段处理，像是随意涂抹的颜料，体现出工匠服装的感觉。案例中还搭配了其他面料，如皮革、条纹面料等，以展现出率性的风格。

02 在人体的基础上绘制出大致的服装款式。上身衬衫宽松，再加上腰部系扎的穿着方式和皮革手套，使得上半身的服装廓形呈现出膨胀的状态。下身牛仔裤和长靴基本紧贴人体，留出适当松量即可。

04 用肉色铺出皮肤的大关系，除了要表现出五官的基本体积外，颈部和露出的手臂也要表现出圆柱体的体积感，肩头的凸起要适当强调。

01 绘制出人体动态。本案例中，模特的上身基本直立，轻微向身体右侧压肩，臀部向右摆动，重心落在右腿上。

03 擦除辅助线，用赭红色彩铅勾勒头发、人体和衬衣的线条，用其他与服装颜色相对应的彩铅勾勒出裤子、靴子和配件的线条，将线稿整理干净。

05 用红褐色加重皮肤的阴影，用橙棕色绘制头发，区分出每缕头发的上下、内外层次。用黑色绘制墨镜，绘制时将前垂的发丝留出来。用玫红色绘制嘴唇，并用深红色加重唇中缝。

07 用同样的方法绘制出深粉色的条纹。除了排列和形状要根据纱向和褶皱而变化外，条纹的深浅也要有所变化，在身体的暗部和褶皱的阴影处，条纹的颜色会更深。即便是细微的条纹，也需要表现出立体感。衬衫和帽子的底色为白色，用浅蓝色轻微地绘制出暗部和褶皱的阴影。

06 用浅蓝色绘制出帽子和衬衫上的条纹。条纹的走向，一方面要根据服装的结构与纱向保持一致，另一方面会受到褶皱起伏的影响而发生变化。条纹的间距要基本排列相等。

08 用中黄色铺出手套的底色，将手套看作圆柱体，表现出大致的明暗关系。用橙棕色绘制出褶皱的阴影区域。皮革的质地厚实、柔韧，所产生的褶皱多为环形褶，立体感较强。

09 用熟褐色强调皮革手套褶皱的明暗交界线和阴影等部位，以突出褶皱的立体感。褶皱所形成的阴影面积大，阴影部位要区分深浅变化，不要一成不变。

11 用群青色加重大腿两侧、裆部和膝盖下方，尤其是向后抬起的左小腿整体处于暗部。绘制出主要的褶皱，褶皱集中在裆部和膝盖。右腿膝盖是整个腿部最为凸起处，要适当留白。

10 用群青色绘制出牛仔裤的底色，表现出腿部圆柱体的体积感。牛仔的质地较为粗糙，可以通过较为明显的笔触来表现。

12 进一步拉开明暗对比，强调裤子的体积感，加强衬衣对裤子的投影。刻画出明线处的碎褶，碎褶虽小，也要有疏密和形态上的变化。将彩铅削尖，排列出倾斜的线条，以表现出牛仔的斜向纹理。

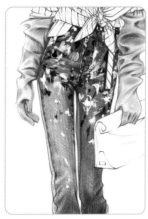

13 用白墨水和水彩颜料，绘制出牛仔裤上的图案。尽管牛仔的颜色较深，但白墨水具有很强的覆盖性，调和水彩颜料后可以轻易覆盖彩铅的颜色。一些细小的褶纹也可以直接用白墨水进行绘制。

14 绘制靴子的底色，并初步表现出立体感。靴子的质地较硬，具有一定的光泽感，除了具有深绿色的固有色外，还会受到周围环境色的影响，可以用蓝灰色叠加出环境色。绘制手包上的条纹，条纹因为包口出现的卷折在弧度上会产生明显变化。

15 用墨绿色强调靴子的明暗交界线，区分靴底和靴面的转折并整理靴面接缝处的结构变化。用白墨水点绘靴子上的图案。为手套、靴口、项链等添加高光。勾勒出帽檐处细小的毛边。调整画面的整体关系，完成绘制。

2.2.2 牛仔面料表现作品范例

2.3 用彩铅表现柔软的针织面料

因为针织面料采用线圈串套的结构，具有较大的弹性，所以针织类服装显得柔软、温暖。常见的针织服装分为两大类，即剪裁针织和成型针织。剪裁针织常用于运动衫、T恤和内衣，纹理比较细密，在绘制时只要表现出贴合身体的状态即可，不需要刻意表现出肌理；成型针织常见于各式毛衫，尤其是粗棒针的毛衣，在绘制时要表现出花型和织线的纹理。

2.3.1 针织面料表现步骤详解

本案例表现的是较为宽松的圆领针织套头衫，由较粗的织线编织而成，质地较为厚重但不失柔软，在绘制时要注意服装下人体的动态。与平面印花不同，针织肌理要通过明暗变化表现出织线的立体感及花型变化。由于是较为宽松的款式，针织衫的褶皱不多，在刻画织线纹理的同时要保持服装各部件整体的体积感。

01 先绘制出人体动态，在人体的基础上勾勒出服装的大致轮廓。针织衫的质地较厚，要和人体之间留出足够的空间。腰部会有褶皱堆积，但数量少而体积感强，和腰部系扎袖子的长条形褶皱形成了鲜明的对比。

03 用肉色绘制皮肤。面部重点绘制眉弓、上、下眼睑、鼻侧面、鼻底面及颧骨下方，而颈部需要表现出圆柱体的体积感。不要忘记绘制头发在面部的投影以及领口在皮肤上的投影。

02 用红棕色彩铅勾勒人体和服装，用黑色彩铅勾勒服装上的图案，整理出干净整洁的线稿。人体和针织衫使用较为纤细的线条，便于后期绘制细节，下身衣物和牛仔裤的线条较为硬朗，表现出面料挺括的质地。

04 用较深的肤色加重暗部和阴影，进一步突出五官的立体感并绘制妆容细节。用黄褐色绘制头发，模特为长直发，头顶亮部留白，根据发丝走向用笔，以表现头发的层次感。

05 用红棕色在头发暗部叠色加重，笔触线条要与底色发丝形成自然的过渡。整理主要发绺的叠压关系，进一步加重耳后、颈后的阴影处。头发亮部可以略微叠加环境色，丰富色彩变化。

07 用橙红色进一步加重服装的暗部及褶皱投影，肩头、胸部、手臂上侧适当留白，塑造服装的体积感。针织因为面料的特性形成具有膨胀感的外轮廓，服装的体积感更强。

06 用浅黄色为针织衫大面积铺色，可以使用笔尖侧锋使笔触衔接更加自然。用橙红色叠加针织衫的暗部，初步表现出服装的体积感和褶皱的起伏。平涂绘制图案的颜色。

08 将铅笔削尖，细致刻画针织的纹理。领口、袖子和衣身的纹理各不相同：领口的罗纹结构呈现出规律的放射状纹理，每一列都应表现出明暗变化；袖子的麻花纹也呈规律排列，但纹理亮部浅一些、柔和一些，暗部深一些、密集一些，与袖子整体的圆柱体体积保持一致；衣身的平织纹理表现得简略一些，但是纹理的走向要和褶皱走向一致。

09 用和上一步骤相同的方法完成针织纹理的绘制：纹理在最亮部省略留白，在最暗部与阴影的颜色融为一体，在明暗过渡面纹理最为清晰。

10 绘制针织衫上的图案与装饰文字，图案上也简略添加针织肌理。图案和装饰文字都会因为人体的透视和褶皱起伏产生相应的变形和扭曲。

11 用橙红色简略绘制出下身衣物的暗部与褶皱的阴影，用冷灰色加重阴影死角并整理服装结构线，添加牛仔的碎褶，大致表现出牛仔的质感。下身省略的画法与上身针织细节的刻画形成风格上的对比，使画面重点更加突出。用马克笔添加背景笔触，烘托画面氛围，完成绘制。

2.3.2 针织面料表现作品范例

2.4 用彩铅表现规律的格纹面料

　　格纹最早产生于苏格兰，用来划分贵族等级，便于辨认敌我。随着时间的流逝，时代的进步，服装上的格纹样式不再单一，产生了各种各样的变化，并一直在时尚舞台上占有一席之地。在绘制格纹时，除了注意色彩的搭配和格纹宽窄疏密的变化外，还要注意格纹受到服装纱向、人体结构转折和褶皱起伏的影响，要根据具体情况而变化，这样格纹才能生动、自然。

2.4.1 格纹面料表现步骤详解

　　本案例表现的是一套上衣与短裤搭配的套装，采用较为厚重的呢料，外形挺括，没有细碎的褶皱，非常适合格纹的表现。格子的排列比较规律，同方向、同色格子的宽窄、粗细和间距基本相等，没有太过明显的差别，尤其是用斜条纹绘制的浅红色格子，更要注意边缘的整齐。还需注意的是，格纹的明暗关系要符合服装整体的明暗变化。

02　在人体的基础上绘制出大致的服装款式：服装外层和短裤的呢料质地较为挺括，用长直线来表现，腰部的系绳要整理好上下叠压关系；内层T恤紧贴人体，而帽子和长靴则要留出适当的松量。手包下半部分为立方体，上半部分要耐心绘制卷折的褶皱和绳结。

04　绘制肤色。面部重点绘制眉弓、眼眶周围、鼻侧面与鼻底面、唇沟、颧骨下方，表现出面部的结构与转折，帽子在面部会形成大面积的投影。颈部和四肢则要表现出圆柱体的体积感，适当强调锁骨、肩头和膝盖的结构。服装在皮肤上的投影也要表现出来。

01　绘制出人体动态。本案例中，模特的上身基本直立，臀部向左摆动，重心落在左腿上。右臂因为拿包而抬起，手臂因为前后透视而缩短，手肘与手腕产生较大的宽窄对比。抬起的右小腿同样也因前后透视产生较大的弯曲度。

03　根据人体和服装的颜色，选择相应的彩铅进行勾线，然后将不需要的铅笔稿擦除，留下干净整洁的线稿。

05 绘制五官、妆容及发型。用较深的肤色进一步加重眼窝、上下眼睑、鼻底面的明暗交界线以及唇沟，使五官更加立体。眼睛被帽檐遮挡了一部分，因此在刻画眼珠时一定要突显瞳孔的高光。用粉色绘制嘴唇，并浅浅添加出腮红。用浅棕色绘制头发的底色，再叠加褐色绘制头发暗部，整理出发绺的前后层次。

07 用铅笔浅浅绘制出格纹的框架轮廓，格纹要符合服装各部件的纱向，衣身与短裤的格纹纵向线基本与前中线平行，右肩滑落的肩带格纹的方向就产生了变化。同时，省道和褶皱也会对格纹的方向产生影响。

06 用浅天蓝色给帽子打底，头顶的高光处和两侧的反光处适当留白。用钴蓝色叠加帽顶的暗部，塑造出球体的体积感，再用同样的颜色绘制帽檐褶皱的投影，表现出宽帽檐的起伏变化。用普兰色绘制帽子的图案，图案的分布要错落有致。

08 用浅红色绘制出格纹纵横交错的"十字"形底色。虽然格纹的宽窄与间距都应一致，但是受到人体透视、服装结构和褶皱起伏的影响，会产生相应的扭曲变形，有的地方格纹会被拉伸，有的地方格纹会被挤压，如前胸腰省处和裆部拉伸褶皱处，格纹的变形明显。

09 用大红色加重格纹的纵横交叠处，以丰富格纹的层次变化，同时更突显出格纹因为服装结构和褶皱起伏而产生的形状变化。

11 绘制横向格子中的短斜线，短斜线的方向与纵向格子里的相反，同样排列整齐。

10 将彩铅的笔尖削尖，绘制规律排列的短斜线，以表现出呢料的质感。注意先绘制纵向的格子，短斜线的方向保持一致。

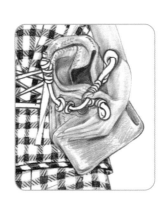

12 用中黄色绘制手包的底色，用橙棕色加重暗部，表现出手包的体积感。手包下半部分立面的转折处和上半部分褶皱的翻折处要留出高光，表现出手包材质的厚度。

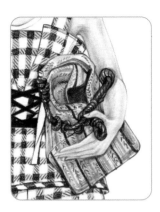

13 根据手包的结构和包口褶皱卷折的方向绘制出彩色条纹及"人字"形的肌理，突显出草编的材质感。绳结在刻画肌理时也要表现出圆柱体的体积感。腰部的系带要表现出上下叠压关系。

14 用深绿色绘制长筒靴，靴筒要表现出圆柱体的体积感，靴头则要塑造出半球体的体积。靴子有一定的光泽度，高光和反光都比较明显，用墨绿色强调明暗交界线，通过增强对比度来体现光泽感。

15 绘制项链、内搭的T恤等细节。用有覆盖力的白墨水绘制靴子和帽子上的图案，并提亮草编包的高光。调整局部与整体的关系，完成画面绘制。

2.4.2 格纹面料表现作品范例

2.5 用彩铅表现绚丽的印花面料

随着面料加工技术的进步，尤其是数码印花技术的普及，印花面料的丰富和精细程度都有了大幅提升，极具装饰性的印花面料成为设计师最常采用的设计手段之一。在设计时，如果印花图案比较复杂，那么服装的款式最好平整简洁。皮革是经过鞣制加工形成的，不同皮革形态差异较大，但大都具有一定的光泽感。在绘制皮革时，要注意将其与绸缎区分开，表现出皮革所具有的厚重感。

2.5.1 印花面料表现步骤详解

案例选择的是印花上衣、皮革半裙及长皮靴的搭配：上衣的印花图案较为抽象，通过有序的排线来表现；皮革的质地密实、柔韧，通过对褶皱立体感的塑造来呈现。印花上衣带来轻松潇洒的感觉，和下身稳重厚实的视觉效果形成风格上的鲜明对比，别具一番韵味。

01　先确定出人体结构比例及动态，人物处于行走状态，左手插兜右手拎包，胯部向左顶起，重心落于左脚，注意腿部的遮挡。

03　用较浅的肤色绘制皮肤的明暗关系，从额头侧面、眉弓下方、鼻侧面与鼻底面、唇沟、颧骨下方等部位开始绘制，头发和太阳镜都会在面部产生大面积的投影。不要遗漏手指和露出的膝盖。

02　在人体的基础上概括出人物造型及服装款式。上衣较宽松，会对人体轮廓产生遮挡，但在左侧腰部会因为顶胯的缘故产生大量的堆积褶，同时也要注意左手小臂产生的透视关系和手肘处褶皱的堆积。皮革裙较为合体，包裹臀部，褶皱主要产生在裆部。在绘制皮靴时，靴筒要和腿部留出足够的空间。

04　用更深一些的肤色加重皮肤的阴影部位，进一步增强立体感。袖口处和裙摆处也会在皮肤上产生较强的投影。绘制墨镜，墨镜不要画成死黑一团，眼睛部位较深，眼眶周围贴近皮肤的部位较浅，要将肤色透露出来。

05 根据头发的走向用棕褐色绘制出发丝，再用深褐色叠加暗部及阴影，区分出发丝的层次。头顶部分通过亮部留白体现出球体的体积。披散的发丝要先归纳出前后叠压关系，再用波浪线勾勒出卷曲的发丝，表现出头发蓬松的质感。绘制嘴唇，给太阳镜添加高光。

07 用较浅的冷灰色绘制图案的底色，笔触在起笔和落笔时都较轻，和桔红色图案间适当留处距离，笔触的排列不要过于密集，给后期叠色留下空间。在前胸、肩头、手臂上方及大褶皱凸起处可以适当留白，更好地表现人体的体积感。

06 用纵向排列的线条来绘制上衣的印花图案，因为彩铅是半透明性的工具，因此图案的绘制顺序遵循从浅到深的原则。先用桔红色绘制花朵的形态，线条排列成团状。根据衣片的纱向和褶皱的起伏来确定笔触排列的方向，尽管是较为抽象的图案，但仍然要表现出受到褶皱影响而产生的错位和扭曲现象。同时受到服装体积和明暗关系的影响，亮部图案的颜色较浅，暗部及阴影处的图案颜色较深。

08 用蓝紫色进行叠色，丰富色彩层次。要注意，蓝紫色不要把上一步绘制的浅灰色全部遮挡住，要将浅灰底色适当留出来。用小短线绘制桔红花朵上的细节。适当加重身体两侧、腋下和大褶皱的暗部及投影区，进一步塑造体积感。

09 叠加较深的绿灰色，同样注意不要将浅灰底色完全遮挡住，小面积叠加即可，表现出叶片的效果。

10 大面积铺出皮革裙的底色，腰部和大腿两侧颜色较深，前迈的左大腿上方颜色较浅，表现出圆柱体的体积感。

11 继续加重腰部和身体两侧的暗面，再加重左大腿在右大腿上的投影，区分出两腿的前后上下关系。绘制出皮革的褶皱，皮革的褶皱形状非常鲜明，大多呈环形，立体感强，不会像丝绸那样产生细小琐碎的褶皱，但在绘制时仍然要有取舍，区分出主次关系。

12 进一步加重褶皱的暗部、投影和明暗交界线，产生更强烈的明暗对比。虽然皮革的光泽感较强、明暗变化较为鲜明，但明暗面之间仍然要过渡自然、柔和。同时要注意，在刻画褶皱的过程中不要忽略整体的明暗关系。

13 利用白墨水提亮高光，体现出皮革的光泽感。高光的位置相对集中，大多位于褶皱的凸起处或结构的转折处。亮部的高光更加强烈，暗部的高光相对柔和。也可略微提亮反光部分，要注意反光的亮度不可超过高光。

14 绘制长筒皮靴。皮靴的质地更为硬挺，褶皱更少，主要表现出圆柱体的体积感，再用白墨水勾勒出横向纹理。前方左脚上的皮靴刻画较为细致，后方右脚上的皮靴绘制得简略一些，大量留白，体现出前后空间关系。

15 绘制手包，手包为软皮材质，光泽较为柔和，用橘红色绘制底色，再叠加深红色绘制暗部和阴影死角，用白墨水提亮高光。用桔红色绘制背景，烘托画面氛围，完成绘制。

2.5.2 印花面料表现作品范例

2.6 用彩铅表现蓬松的皮草面料

与皮革一样，皮草也拥有极为多变的外观形态。在绘制皮草时，既要表现出皮草蓬松自然的状态，又要遵循一定的方向和规律，不能杂乱无章。笔触的排列非常重要，或长或短，或顺直或卷曲，或层叠或缠绕，要根据皮草的不同形态来选择用笔的方式。同时，皮草或蓬松或厚重，具有非常强烈的体积感，要注意随之产生的明暗关系。

2.6.1 皮草面料表现步骤详解

本案例选择的是一款豹纹短毛皮草，看上去复杂，但其实整体感很强。可以先像普通服装一样处理好明暗关系，然后再描绘服装的边缘细节，用参差不齐的短线表现出皮草的绒毛感。皮草比较厚重，褶皱少且长，只要绘制出最主要的几条褶皱即可。豹纹的绘制要注意疏密分布，均匀又不失变化，同时还要注意因为服装体积转折而产生的深浅和虚实变化。

02 用橡皮轻轻擦淡铅笔稿，并小心擦除不需要的辅助线，再用浅棕色勾勒人物及服装的边缘，线条要有深浅变化，表现出一定的明暗关系。

04 用中黄色为模特的波浪长发上色，波浪的凸起处要留白，下凹处着色。为头发分组，每组头发的交界处会形成窄窄的投影面，需要加重。

01 用铅笔起稿，把握好模特的比例和动态，再根据人体结构及动态走向绘制出上衣、长裤及拖鞋。外套和裤子都是较为宽松的款式，要控制好服装和人体的空间关系。

03 用肉色绘制皮肤，重点绘制眉弓下方、上下眼睑、鼻梁底面，以表现出五官的立体感。用红棕色加重眼窝、鼻底和唇下的投影，再用黑色轻扫出眉毛，勾勒出上、下眼线又要一卡通，绘制瞳孔，瞳孔要留出高光。用朱红色绘制嘴唇，下嘴唇要留出高光。

05 用浅棕色在每组头发的交界处及下凹的暗部进一步叠色，使波浪头发的起伏感更强烈。用红褐色进一步加深每组头发的交界处及暗部，使头发的层次感及厚重感更加明显。

07 用赭石色叠加上衣的暗部，尤其注意头发和手臂对服装的投影，门襟交叠部分的投影也要加重，叠色时笔触排线要有一定的方向性，以表现出褶皱的走向。用黑色彩铅绘制出拖鞋上的卷曲绒毛，最凸起处要留白，注意要表现出绒毛的体积感。

06 用浅黄色为上衣着色，笔触可以竖向排线，以表现皮草的方向性。要注意服装的整体体积，高光处要留白。受衣身投影的影响，袖子与上衣的夹角处需要加重。

08 先用赭石色在外套上绘制出主要豹纹的中心部分，再用熟褐色绘制豹纹斑点的外围图案，形状不规则，但分布要适当、均匀。整体豹纹的深浅要根据衣褶的凹凸而变化。由于外套是绒毛质地，需要在外套边缘仔细整理出微翘的绒毛。

09 用熟褐色绘制皮带。皮革部分要表现出清晰的明暗对比。带扣周围的长毛皮草呈现出放射状的外形，注意毛丝的交叠和穿插关系。用铅笔轻轻地勾勒出连体裤上花朵图案的轮廓，露出的两个袖子上也要绘制出同样的花朵图案，注意线条的轻重变化。

10 以渐变的形式用红色、玫红色、黄色为花朵上色，要仔细描绘花瓣的形状，并注意花朵图案基于人体结构转折及褶皱起伏而产生的变化。

11 用草绿色及黄色为叶片及花枝上色，进一步衬托出花朵的形状。加重上衣对裤子的投影、两腿间的投影，以及翻折的裤边和裤口内侧的投影。进一步完善鞋子的效果，调整画面关系，完成绘制。

2.6.2 皮草面料表现作品范例

2.7 用彩铅表现精致的蕾丝面料

传统的蕾丝是用钩针手工编织的一种装饰性面料，具有网眼镂空的纹理。蕾丝的花型非常丰富，有四方连续的重复花型，也有结构繁复的独立图案，在服装设计中大面积地使用或小面积地装饰都非常适合。在绘制蕾丝时，除了要耐心描绘花型的细节，还要注意区分主要花型和次要花型，做到主次有别。与平面印花相比，蕾丝具有一定的厚度，可以通过对投影面的描绘来增强立体感。

2.7.1 蕾丝面料表现步骤详解

本案例表现的是一款蕾丝与薄纱搭配的吊带裙，半透明的华丽蕾丝与轻盈的薄纱相得益彰，衬托出女性温婉柔美的气质。案例中的蕾丝面料非常轻薄，不需要刻意表现面料的立体感或厚度，只需要将深色的图案、浅灰色的底色和镂空的编织肌理进行恰当的分布即可。尤其是上身的紧身胸衣式结构，蕾丝的花型图案和服装结构相搭配，能够进一步突显服装的装饰特色。尽管不如格纹那么明显，蕾丝图案仍然受到人体透视和褶皱起伏的影响。

02 绘制出服装的大概款式。上衣为紧身胸衣款，紧贴身体。上身略微向右侧转，人体中线会略微右移，上衣右侧会产生相应的透视。下身为多层褶皱的塔裙，因为面料轻薄，裙摆并不膨胀，反而在腰臀处较为贴体，尤其是向右顶出的胯部和裙侧基本贴合。

04 绘制五官细节。用绿色绘制眼珠，用黑色绘制瞳孔、勾勒眼线及绘制眉毛。深红色的眼影过渡要自然。根据唇部的转折结构用水红色进行着色，嘴唇要表现出厚度。

01 用铅笔起稿，把握好模特的比例和动态。模特为站立动态，略微向右压肩，胯部向右抬起，右腿主要支撑身体重量，重心线落在两腿间形成的支撑面上。模特略微歪头，使动态显得更加生动。

03 用与人体及服装颜色相对应的彩铅进行勾线，将线稿整理清晰。用肉色绘制皮肤，重点绘制眉弓下方、上下眼睑、鼻梁底面，以表现出五官的立体感。脖子、手臂和小腿则表现出圆柱体的体积感。头发及服装在皮肤上的投影也要加重。

05 用金棕色绘制头发的底色，头顶留出高光，整理每一缕头发的走向和相互间的叠压关系，刻画发梢的形态。用熟褐叠加暗部色彩，加深发缝间阴影死角的部分以及面部及颈部对头发产生的大面积投影。最后用流畅的曲线勾勒散碎的发丝，表现出发丝的飘逸。

07 绘制上衣右侧的蕾丝图案。上衣中线因为人体的侧转而略微右移，蕾丝图案的绘制也要遵循这一透视原则。图案的最右侧会因为身体侧转看不见，图案花型的弧度也要和右侧胸部的弧度保持一致。

06 继续裙子的底色。上衣质地较为厚实，紧紧包裹住人体，要将胸部半球体的体积塑造出来。下层轻薄的裙子重点表现褶皱的起伏。除了褶皱起伏产生的明暗关系外，上层褶皱还会在下层褶皱上产生投影。裙摆的蕾丝先用浅黄色绘制底色。

08 绘制上衣左侧的蕾丝图案，以人体中线为标准和右侧的图案在视觉上保持对称。左侧可以看见一小部分身体的侧面，蕾丝的面积也较右侧更宽一些。

09 绘制粉色裙摆的褶皱。因为面料轻薄，裙摆基本为纵向长褶，呈轻微的放射状。在绘制时要将褶皱进行分组：有从固定线贯通到裙摆边缘的大褶，也有不到裙摆边缘就消失的小褶，褶皱的宽窄、疏密也要有变化。

10 用黑色轻轻地整理蕾丝的褶皱起伏，让薄纱的底色透露出来，表现出蕾丝的半透明感。同时，蕾丝的一部分被上层薄纱遮挡，也会隐隐约约透露出来，用更轻的笔触叠加薄纱下层的蕾丝，表现出纱的透明感。

11 刻画裙摆蕾丝的花型。受到圆形透视规律的影响，蕾丝图案的弧度要和裙摆的弧度保持一致。受到褶皱起伏的影响，图案会产生错位变形。调整画面细节，完成绘制。

2.7.2 蕾丝面料表现作品范例

03 用水彩表现多变的款式

3.1 用水彩表现简洁的西装

　　西装是所有服装单品中较为正式的一种，尤其是成套穿着的西装，常见于各种商务场合，能展现出着装者的职业素养。要想展现出年轻、休闲的风格，可以选择夹克西装、运动西装，或者采用各种新型材料的前卫款西装。在用水彩绘制西装时，除了对西装款式特征的强调外，笔触可以尽量干脆、确定，以表现出西装干练、精明的特征。

3.1.1 西装表现步骤详解

　　案例表现的是一款装饰性极强的西装上衣，夸张的宽肩使其具有20世纪80年代权力套装（Power Suits）的影子。西装采用格纹图案，可以突出格纹的平面装饰感，绘制时不需要采用复杂的技法，将颜色调和均匀，有耐心地平涂出格纹即可，是对初学者而言容易上手的技法。长筒靴也采用笔触较为明显的干画法，不仅能较好地体现其材质感，也能减少控制水分带来的技法上的难度。

01 用铅笔起稿，绘制出人物造型及服装款式。模特为行走动态，绘制时要保持重心稳定。服装上身为宽肩西装，在肩部放松量形成方肩头，搭配羊腿袖造型，腰部和下摆为合体结构，下身搭配过膝长筒靴，整个造型呈现出T形廓形。

03 在上一步的肤色中再调入少量紫红，加重眼窝、上下眼睑和鼻底的投影。用棕色绘制眼珠，在刚才的颜色中调和少量黑色绘制眉毛、勾勒眼线，绘制瞳孔。用浅水红色绘制嘴唇。

02 用肉色调和少许朱红，再添加大量水分，快速铺出皮肤底色。在底色未干时，加入少许赭石和大红，在眉弓、眼眶、鼻底、唇沟及颧骨处叠色，同时加重面部在脖颈上的投影。

04 用中黄调和少量赭石绘制头发。头顶部分基本保持了球体的体积，披散的大波浪要区分出前后层次。在底色中适当加入熟褐，用较深的颜色加重波浪卷的暗部以及脖颈后的阴影区域。

05　用铅笔浅浅勾勒出格纹。格纹的方向要符合服装各部件的纱向。手肘及腰部的褶皱会对格纹形状产生较大影响。在土黄中加入少量熟褐，再调和大量水分，根据铅笔线填充格纹的颜色，均匀填充即可。格纹间有纵横交错的细线，其变形和错位能鲜明地体现出褶皱的起伏和纱向的变化。

07　在熟褐中调和适量的水分来绘制颜色最深的格纹。格纹的魅力就在于不同宽窄、深浅的色块及线条交错形成有韵律的图案。深色格纹视觉效果强烈，在绘制时尤其要注意因为人体透视、纱向变化以及褶皱起伏对格纹产生的影响。浅色格纹没有画到位的地方，也可以借由深色格纹来进行规范和修整。

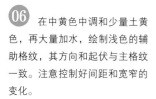

06　在中黄色中调和少量土黄色，再大量加水，绘制浅色的辅助格纹，其方向和起伏与主格纹一致。注意控制好间距和宽窄的变化。

08　在大红和朱红中调和少量水分，用较为浓稠的颜色来绘制红色细格纹。水彩颜料虽然是半透明材质，但只要调和浓稠一些，仍然具有一定的覆盖力。进一步加深褐色格纹纵横交叠的区域，丰富格纹的层次变化。

09 用赭石调和少量熟褐来绘制手包，亮部可以用蘸有清水的笔趁湿吸取一部分颜色，形成受光面。在调好的底色中加入更多的熟褐来绘制暗面和包盖的投影。等底色干透后，用细小的笔触强调转折面和边缘的厚度。

10 长筒靴是较软的塑胶材质，靴筒紧贴腿部，在绘制时表现出圆柱体的体积感。用紫红色调和大量水分，先铺出靴子的底色，再在腿部两侧叠加暗部并绘制出褶皱，在后方左小腿处罩染一层薄薄的青紫色作为环境色。等底色干透后，再用更深一些的紫红色强调明暗交界线，进一步加深褶皱的投影区域。

11 用有覆盖力的白墨水，沿着手包包盖的形状和靴子褶皱的起伏提亮高光，增加手包的立体感和靴子的光泽感。完善画面细节，完成绘制。

3.1.2 西装表现作品范例

3.2 用水彩表现自由的夹克

"夹克"一词源自英文 Jacket，最早特指有翻领的短外套。这种外套款式短小，便于活动和工作。随着时代的变迁和流行的发展，夹克所涵盖的范围越来越宽泛，一切用于非正式场合，穿着在衬衣或内衫外的服装款式，不论是休闲西装、运动外套或是短款上衣，都可以被称为"夹克"。其中最具代表的款式当属 20 世纪 60 年代兴起的牛仔夹克和皮夹克。作为青年文化的符号，夹克成为"自由"与"叛逆"的代名词。

3.2.1 夹克表现步骤详解

本案例选择的是一款宽松的印花工装夹克，将印花面料的装饰感和工装的实用性相结合，在视觉上形成一种反差美。对印花的表现能充分体现软笔尖的优势——通过控制用笔的力度和角度，能产生比彩铅、马克更丰富的笔触变化。

01 用铅笔起稿，绘制模特动态。男性的肩部较宽、臀部较窄，在行走时臀部的摆动幅度要小于女性。案例中的模特向左压肩，左腿直立支撑身体重量，双手插兜，肘关节向外张开。因为穿着平跟鞋，要注意着地的右脚产生的前后透视。

03 通常男性的肤色比女性深一些，可以在肉色中加入微量的赭石和熟褐来绘制。男性的五官较为硬朗，尤其要强调眉弓、鼻梁、额头侧面和颧骨处的转折。

02 在人体的基础上，绘制出五官及发型，并细化出服饰细节。夹克的款式宽松但质地较为柔软，男性宽阔的肩部对服装形成主要支撑。在绘制时，注意门襟的角度及走向和人体中间保持一致，插肩线及口袋的位置都要符合透视规律。腰部的松紧结构会产生大量碎褶，绘制时要有取舍。

04 用较深的肤色加重眉弓和鼻底的阴影，用黑色刻画眉眼并表现出眼珠的光泽感，嘴唇的颜色不要太鲜艳。用稀释的中黄和赭石来绘制头发，顺着发丝的走向用笔，梳理出头发的层次。

05 用佩恩灰与钴蓝，加入大量水分，调和出浅浅的蓝灰色来绘制夹克的暗部及立体的服装部件（如口袋）产生的投影，尤其是宽松的衣身在腋下产生的初步表现出服装的体积感。整理出主要褶皱的投影区域。

07 用和上一步同样的方法，稀释紫色绘制第二层的印花图案。先用较浅的紫色将图案的形状、位置画好，再在暗部叠加较深的紫色，在丰富层次的同时进一步塑造服装的体积感。

06 稀释橄榄绿绘制第一层的印花图案。借助水彩笔笔尖的形状，绘制出不规则的块状图案，笔触的大小、疏密要错落有致，随意但不凌乱。图案的深浅要与服装的明暗关系保持一致：服装亮部的图案颜色较浅，暗部的图案颜色较深，进一步烘托服装的体积感。褶皱的起伏和服装部件的拼接会让图案产生错位。

08 用稀释后的普蓝色绘制最深的图案，同样要遵循服装整体的明暗变化。此时留白的空间较少，在绘制第三层图案时可以有适当的叠加，使图案整体分布疏密有致，获得良好的视觉效果。

09 采用湿画法来绘制绿色的短裤。先用清水铺满短裤的区域，混合草绿与橄榄绿趁湿绘制，左大腿上方的高光处留白，让颜色从暗面向留白处晕染，形成自然的过渡。颜色半干时，用稍深的绿色叠加在衣摆下方和裆部的阴影处，让颜色自然融合。调和出蓝灰色绘制内层短裤，表现出圆柱体的体积感。用草绿加深绿，再调和大量水分，绘制鞋袜的底色。

10 待绿色短裤干透后，用较深的橄榄绿绘制褶皱，通过笔触的变化体现褶皱的形状及走向。用冷灰色绘制鞋子的图案，图案的方向与分布要符合鞋子结构的转折。小笔触刻画袜子上的花纹，表现出针织的材质感。用白墨水提亮褶皱高光并整理服装及鞋袜的细节结构。最后用大笔触绘制背景，在半干时可以叠色增加色彩变化，用以烘托画面氛围。

3.2.2 夹克表现作品范例

3.3 用水彩表现潇洒的外套

外套是指穿在最外层的服装，一般比夹克长，长度在臀围线附近的可以称其为"短外套"，长度在臀围线至膝盖之间的可以称其为"中长外套"，长度在膝盖以下的可以称其为"长外套"或"大衣"。根据季节，外套的材质会有很大不同，春夏季多使用棉麻材质，秋冬季则使用厚重的毛呢料。想要用水彩表现出外套的分量感，一是注重细节，尤其要表现出服装转折处面料的厚度；二是借助一定的笔触肌理体现面料的材质。

3.3.1 外套表现步骤详解

本案例表现的是一款简约挺括的短外套，能很好地衬托出男性干练、潇洒的气质。在绘制时，可以用较为平整的大笔触概括其明暗关系，再通过确定而明确的笔触绘制出褶皱的形态。难点在于模特为背侧面，不论是绘制人体动态还是服装结构，都增加了透视的难度。在起稿时，一定要将人体与服装的关系梳理准确，将肢体间的遮挡、人体与服装因透视而产生的变形、服装结构的变化等设定准确，避免着色后发生动态错位或结构扭曲等问题。

02　细化五官。进一步整理服装的线稿，明确褶皱的形态。外套的松量较大、质地挺括，会形成大量立体感很强的褶皱，从而产生大面积边缘形状明显的阴影区域，将阴影区域的形状变化勾勒清晰，能使褶皱显得更加立体生动。服装的工艺细节和鞋袜等配饰的细节也用清晰、明确的线条绘制出来。

01　用铅笔起稿。模特为背侧面动态，绘制时要注意头颈、胸部与臀部间的角度变化，即便是男性背部也会形成明显的前倾曲线。右腿绷直支撑身体重量，左腿放松作为辅助。手臂插兜，左臂要找准肩头的位置。服装较宽松，敞开穿着，对身体产生大面积遮挡，降低了表现难度；明确领部与袖窿的结构、肩线角度、手肘褶皱的位置以及服装的大廓形。

03　绘制模特的头部。在肉色中调和微量的赭石和熟褐，加入大量水分来绘制皮肤。头部为3/4侧面，眉弓与鼻梁在这一角度显得尤其立体，鼻梁会形成较大面积的投影，可以适当强调。此外，额角、颧骨、下颌的转折也要硬朗。男性的眉毛较粗、眼窝深陷，嘴唇的颜色切忌太鲜艳。模特的发型为非常短的寸头，用佩恩灰调和大量水分来绘制，表现出球体的体积感，再适当整理额前的发际线。

04 外套的底色用湿画法来绘制，先用清水铺满外套的区域，趁湿用中黄铺色，肩头、手臂等受光处和褶皱转折处留白，右侧衣摆也留白体现空间感。然后迅速叠加暗部色彩，让颜色自然融合。裤子也采用湿画法，但要等外套基本晾干后再绘制，否则不同的颜色会相互污染。

06 用中黄调和赭石，加入少量水分，加深阴影死角的部分，近一步明确褶皱的形态，增强褶皱的立体感。服装的包边、接缝线等工艺细节也可以用纤细的小笔触勾勒出来。绘制内搭服装的领口，留出区域明显的高光来表现其光泽感。

05 将中黄、橘黄和少量赭石相调和，再加入大量水分，绘制褶皱的暗部及投影区域。褶皱既有因松量产生的，如背部的纵向长褶；也有因动态产生的，如手肘处的褶皱；有在松量和动态双重作用下产生的，如肩头袖窿处和腋下的褶皱；还有因为面料特性和工艺而产生的，如口袋上的碎褶等。不同褶皱的形态差异很大，所产生的阴影区域也各不相同，将其耐心地整理出来。

07 用佩恩灰调和少量水分，绘制裤子的褶皱，整理口袋及裤脚翻折的结构，强调外套在裤子上的投影。在佩恩灰中加入深绿色，再调和适当的水分来绘制鞋袜。鞋子要强调结构的转折处，因为材质的光泽感，高光和明暗交界线对比强烈。裤子碎褶较多，在绘制时适当取舍，不要破坏整体的体积感。

08 用有覆盖力的白墨水提亮外套褶皱的高光，进一步增强褶皱的立体感。外套的材质虽然挺括但光泽感并不强烈，高光也要柔和一些。鞋子的高光和结构的转折处、袜子的纹理等，也用白墨水来绘制，同样不要过于强烈。调整画面的整体关系，完成绘制。

3.3.2 外套表现作品范例

3.4 用水彩表现浪漫的连衣裙

连衣裙是最为传统的女装款式之一，因其包裹着女性的胸、腰、臀，这种"三位一体"的审美形式最能体现女性身体的曲线美。虽然连衣裙的款式多变，但总体而言连衣裙可以分为两大类：一类是传统的 one-piece，即上身和裙连成一体；另一类是从男装借鉴而来的二部式，腰线破开，上身和裙可以分别设计，再在腰线对合。无论是哪种类型的连衣裙，在绘制时都要充分考虑到连衣裙和人体的关系。

3.4.1 连衣裙表现步骤详解

本案例选择的是一款细条纹针织连衣裙。裙子的轮廓柔和，前胸的交叠镂空结构和下摆的不对称开衩增加了裙子的设计感。因为针织面料的柔软性和垂坠性，女性身体的曲线在连衣裙的包裹下显得非常清晰。同时，由于针织面料的高弹性，裙子的褶皱并不多，只集中在腰部和大腿根处。此外，向前迈步的右腿影响了裙摆的造型。针织的纹理可以采用和条纹图案同样的处理方式，即根据纱向和褶皱的起伏来排列。

02 针织面料贴合人体，和人体间几乎不用留松量。针织面料会形成狭长的细褶，左侧腰部因面料交叠缠裹形成缠裹褶，右侧腰部因抬胯形成挤压褶，大腿根处会产生拉伸褶。开衩的裙摆会受到腿部前迈的影响，要整理好裙摆的前后层次和翻折关系。

04 在上一步肤色的基础上加入少许赭石和朱红，进一步强调面部的立体感，加重面部在脖颈上的投影以及服装在人体上的投影。待底色干透后再刻画五官。在黑色中加入深红和熟褐色，调和适当水分来绘制眉眼，稀释深红色绘制嘴唇，嘴唇要表现出立体感。

01 用铅笔起稿，绘制出模特正面前行的动态，保证人体各部分结构的准确性，确保重心稳定。根据面部的比例关系绘制出五官，添加发型和饰品。

03 用肉色调和少量朱红色，加大量水分，用薄薄的一层颜色平铺底色，再从暗部开始绘制。面部着重加深眼窝、鼻底、颧骨下方和唇沟等部位，四肢要塑造出圆柱体的体积感。

05 模特的头发在后脑有系扎，从前面只能看到头发包裹着头顶的状态。分缝线区分了发丝的走向，根据发丝点的走向用笔，高光处留白，表现出球体的整体体积感。用尖细的笔触整理额头和发际线点的关系，让头发和额头过渡自然。绘制耳饰，通过强烈的明暗对比表现金属的光泽感。

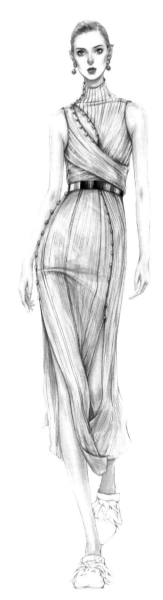

07 在上一步调和的颜色中，加入少量的群青，笔尖适当控水，趁底色半干继续加重裙子的暗部，使其和底色自然融合。整理出褶皱的具体形态，一些过于细小的褶皱可以适当省略。腰带为金属材质，亮部和暗部之间有十分明显的分界线，明暗对比强烈。

06 用钴蓝调和天蓝，加入大量水分，用大笔触快速铺出连衣裙的底色，颜色未干时可在身体两侧和后片的裙摆上进行叠色，使裙子初步区分出明暗关系。

08 针织面料的褶皱狭长但立体感较强，用普兰调和少量水分，加深阴影的死角并强调结构线的接缝处。根据裙子的结构和褶皱的起伏来绘制针织纹理。与条纹图案不同，表现针织纹理的线条不能绘制得太连贯，否则会显得僵硬和呆板。要用断续的短线条接线来绘制针织纹理，形成"笔断意连"的效果，同时在受光面适当留白，既显得生动自然，又能进一步烘托裙子的体积感。

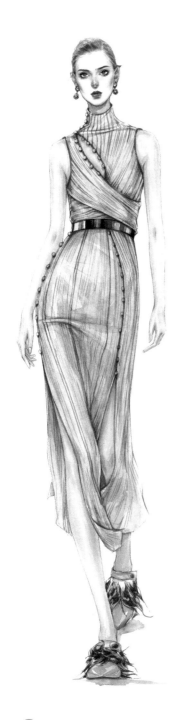

09 调和出浅桃红色绘制鞋子，鞋尖的转折硬朗，用明确的笔触来绘制。用大红色绘制鞋上的羽毛装饰，笔尖的水分适当控干，通过收尖笔触来表现羽毛的形态，用笔时注意羽毛间的叠压和穿插关系。

10 用高光笔，以点状的笔触沿针织纹理的走向提亮高光，表现出细微的针织纹理的凹凸感。用大笔触绘制背景，在笔触未干时滴上清水，就会产生如花瓣边缘般的"水彩边"，给简洁的画面增添了装饰感。

3.4.2 连衣裙表现作品范例

3.5 用水彩表现多变的半裙

与连衣裙不同，半裙不受上半身结构的限制，变化更加自由。根据裙长和廓形的不同，半裙有许多具有代表性的经典款式，如超短裙、及膝裙、茶会裙、鱼尾裙等。在绘制半裙时，要考虑到失去肩部的支撑，半裙的腰部或臀部必须提供足够的支撑力，以保证半裙的可穿性和稳固性；还要考虑半裙与上装的搭配，可以与上衣保持统一的风格，也可以在色彩、材质和造型上与上衣形成对比。

3.5.1 半裙表现步骤详解

本案例选择的是一款中长的细压褶裙，搭配镂空的吊带上衣，显得非常清新、娴雅。上衣为叶片相互交叠的形状，具有较强的装饰性，可以绘制得紧凑、确定一些，与散开的裙摆形成对比。百褶裙的压褶又细又密，需要将其进行分组，先划分出受到腿部迈动影响而产生的几个大褶，再根据大褶的走向整理出细压褶，做到疏密有致，这样裙摆才不会显得凌乱。

02 用大量水分稀释肉色，绘制出皮肤色。需要加重眉弓下方、眼眶周围、鼻侧面、鼻底面及唇沟等处，尤其要注意眼镜框在面部的投影。要注意表现出颈部、手臂和露出的小腿圆柱体形状的体积感。还要加重面部对耳朵和脖子的投影。

04 用中黄色调和大量水分，薄薄地绘制出头发的底色，头顶和下垂发丝的亮部要留白。用中黄色调和少量赭石色，根据发丝的走向绘制暗部的头发，表现出头发的层次。在面部左、右两侧均绘制出几缕飘动的发丝，使头发显得更加生动。

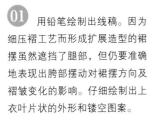

01 用铅笔绘制出线稿。因为细压褶工艺而形成扩展造型的裙摆虽然遮挡了腿部，但仍要准确地表现出胯部摆动对裙摆方向及褶皱变化的影响。仔细绘制出上衣叶片状的外形和镂空图案。

03 用深褐色绘制出眼镜框，眼镜框尽管细也还是有深浅变化。用赭石色调和深红色，加重面部和眼镜的投影。绘制五官细节，塑造五官的立体感。

05 用草绿色为模特的镂空上衣着色，注意镂空的位置需要留白处理。可以先平铺一层颜色，在颜料半干时在暗部再叠加一层颜色，以初步区分出上衣的明暗变化。

07 用肉色小心地绘制出上衣镂空处的皮肤，注意不同位置镂空处的皮肤颜色会有深浅变化，不要涂得完全一样。

06 用深绿色勾勒出叶片的边缘和镂空处的投影，表现出镂空图案的面料厚度，再用短小的线条细致地绘制出叶脉纹理。

08 用米黄色铺出半身裙的颜色，用纵向的笔触强调出褶皱的暗面，用清水自然过渡明暗面。用深红色调和大量水分，均匀地铺出宽裙边的底色。

09 用生褐色以小点状笔触绘制出裙摆上细碎的花纹装饰，图案因褶皱的起伏会有一定的错位，注意要根据褶皱的变化来运用笔触。

10 用生褐色多调和一些水分，稀释出比上一步浅一些的颜色，用交叉的短线条进一步丰富裙子的花纹装饰。

11 用深红色加重裙摆折边的暗部，形成一明一暗的间隔，以表现出压褶的起伏转折。注意每条折边都会有相应的变化，这样百褶的形态会更加生动。用黑色及浅灰色绘制出拼接的鞋面，鞋头高光的形状比较明显，要表现出皮革的光泽感。鞋底的横向条纹也要有深浅变化。修饰细节，完成绘制。

3.5.2 半裙表现作品范例

3.6 用水彩表现干练的裤装

尽管容易被忽视，但裤子是时装系列中必不可少的单品。与半裙一样，裤子的款式可以简单大方，低调地衬托出上衣的风采；也可以独特夸张，对整体造型起到关键性作用。与半裙不同的是，如果半裙的面料挺括或通过工艺形成相对独立的空间，那么腿部动态对半裙的影响就非常小，但裤子包裹着腿部，即使是非常宽松的裤子也会受到腿部动态的影响，此外还需要考虑胯部和裆部的形态。

3.6.1 裤装表现步骤详解

本案例选择的是有一定松量的直筒长裤，搭配夸张的上衣，具有极强的未来感，能体现模特飒爽干练的气质。在绘制时，首先要注意到腿部动态对裤子的影响：裆部和大腿根会产生大量的拉伸褶；向前迈步的左腿伸展得较直，褶皱较少；向后抬起的左腿则要找准膝盖的位置及小腿的透视，小腿后抬在膝弯处形成明显的挤压褶，小腿下方悬空的裤腿会形成荡褶。其次是材质上的表现：裤型虽然简单，但具有金属质感，光泽度强烈，在绘制时用笔触较为明显的干画法来绘制，便于褶皱形态的刻画和环境色的叠加。

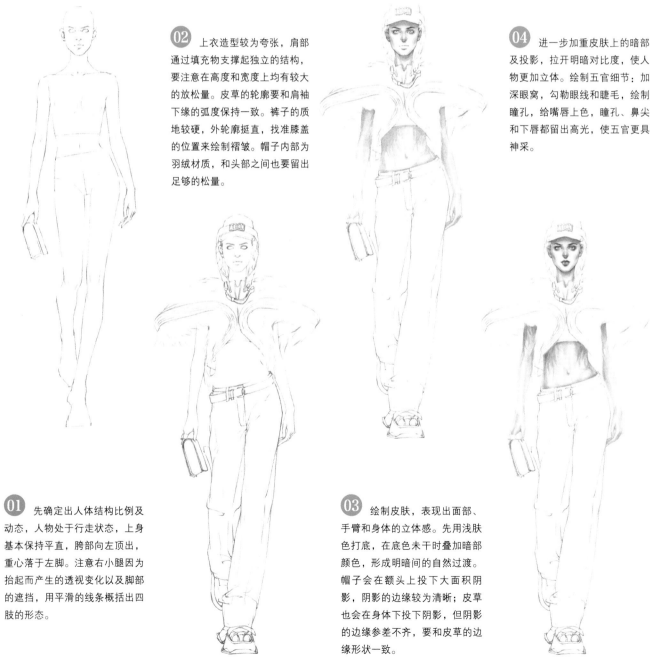

02 上衣造型较为夸张，肩部通过填充物支撑起独立的结构，要注意在高度和宽度上均有较大的放松量。皮草的轮廓要和肩袖下缘的弧度保持一致。裤子的质地较硬，外轮廓挺直，找准膝盖的位置来绘制褶皱。帽子内部为羽绒材质，和头部之间也要留出足够的松量。

04 进一步加重皮肤上的暗部及投影，拉开明暗对比度，使人物更加立体。绘制五官细节：加深眼窝，勾勒眼线和睫毛，绘制瞳孔，给嘴唇上色，瞳孔、鼻尖和下唇都留出高光，使五官更具神采。

01 先确定出人体结构比例及动态，人物处于行走状态，上身基本保持平直，胯部向左顶出，重心落于左脚。注意右小腿因为抬起而产生的透视变化以及脚部的遮挡，用平滑的线条概括出四肢的形态。

03 绘制皮肤，表现出面部、手臂和身体的立体感。先用浅肤色打底，在底色未干时叠加暗部颜色，形成明暗间的自然过渡。帽子会在额头上投下大面积阴影，阴影的边缘较为清晰；皮草也会在身体下投下阴影，但阴影的边缘参差不齐，要和皮草的边缘形状一致。

05 用佩恩灰调和少许土黄，再加入大量水分，调和出浅浅的暖灰色，用来绘制帽子。帽子的固有色很浅，亮部要大量留白，略微强调一下明暗交界线，表现出球体的体积感，带扣、包边等细节要刻画到位。帽子内侧为羽绒材质，要表现出绗缝面料凸起的体积感，绗缝产生的碎褶适当简化。

06 绘制上衣，先绘制有金属光泽的PVC材质。肩部用浅蓝铺出底色，然后用钴蓝调和普兰及微量的佩恩灰来绘制暗面、整理褶皱。因为具有较强的光泽度，褶皱的亮面和投影的区域都非常清晰，用形状鲜明的笔触来绘制。装饰肩的边缘和前胸部分用佩恩灰来绘制，要留出形状清晰的高光，再用饱和度较低的红灰色叠加反光部分的环境色。

07 绘制皮草。案例中的皮草毛丝细长，整体外观呈现出向下垂坠的状态，但因为毛丝质地柔软轻盈，毛丝尖端的角度会有不同弧度的起翘，切忌绘制得硬直呆板。在绘制时，先要表现出皮草整体圆柱体的体积感，再对皮草进行适当分组区分出前后层次，接着用两端收尖的笔触来绘制毛丝细节，笔触的走向要和毛丝的走向一致。笔触可以适当交叠或穿插，表现出皮草边缘参差不齐的特点。

08 裤子同样为有金属光泽的PVC材质，使用笔触明显的干画法来绘制。先用浅蓝色绘制裤子底色，高光处留白，然后在底色中调和少量钴蓝色，加重裤腿两侧和裆部，塑造出圆柱体的体积感。在暗部的颜色中加入少量的普兰，强调裤腿的明暗交界线，加深两腿间的阴影，整理褶皱的形态，进一步增强明暗对比度。然后用钴蓝调和深红，加入大量水分形成低饱和度的紫红色，叠加在反光区域，表现出环境色。

09 用普蓝加重褶皱的阴影死角，突出褶皱立体感的同时进一步拉大明暗对比度，强烈的明暗对比能更好地表现材质的光泽感。绘制腰带等配饰，腰带上的金属装饰要表现出侧面的厚度。

10 绘制手包和鞋等配饰，根据其结构用明确的笔触来强调转折。用有覆盖力的白墨水，以点状的笔触绘制出皮草上的装饰亮片，笔触要有大小、疏密的变化。根据褶皱的起伏，用白墨水提亮高光，高光的形状也较为明显，用明确的笔触来绘制，表现出金属的光泽感。整理口袋、门襟等细节处的结构线，调整画面的整体关系，完成绘制。

3.6.2 裤装表现作品范例

3.7 用水彩表现高雅的礼服

礼服是时装中最为华丽、隆重的款式，其新颖的造型、华丽的面料和精湛的工艺使很多设计师对礼服的设计情有独钟。大多数礼服中应用的设计元素十分繁复，因此，在表现的时候要注意其主次关系：对于造型独特的礼服，可以强调礼服的廓形或适当夸张款式的特点；对于装饰华丽的礼服，则要精心刻画图案、褶边、镶钉等工艺细节，适当弱化服装结构或褶皱。

3.7.1 礼服表现步骤详解

本案例表现的礼服具有古希腊服装的特点，用褶皱进行造型。虽然整件礼服是单色系，但胸部蝴蝶结的丝绒质感和裙摆上镶嵌的闪烁亮片增添了许多细节和变化。在绘制时，褶皱的处理是重点，蝴蝶结的面料较为厚实，丝绒也具有一定的垂感，因此，褶皱多为环形褶；衣身和裙摆采用了细压褶的工艺，呈现出强烈的流动感，在绘制时要注意较为明确的方向性和叠压关系。金属的首饰和鞋起到了点睛的作用，可以使画面更为丰富。

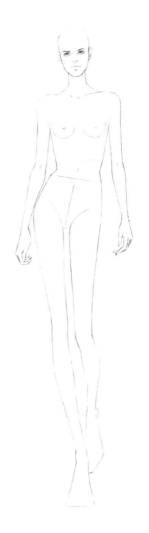

02 在人体的基础上绘制出礼服的款式。胸前的蝴蝶结装饰较为立体，衣身和裙摆的细褶极具垂坠感，可以烘托出女性身体的曼妙曲线。裙子在胯部与身体紧贴，底摆因为模特走动而掀起，要处理好这种变化。

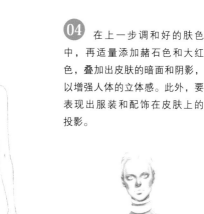

04 在上一步调和好的肤色中，再适量添加赭石色和大红色，叠加出皮肤的暗面和阴影，以增强人体的立体感。此外，要表现出服装和配饰在皮肤上的投影。

01 用铅笔绘制线稿，注意人体的基本比例，保持身体重心的稳定。模特向身体右侧压肩，臀部向右抬起，动态较为舒展。

03 用肉色调和少许朱红色，再添加大量水分，快速铺出皮肤的底色。裙子的面料轻薄，能若隐若现地看见腿部，但是裙子的颜色叠加在腿上会形成阴影，因此，被裙子遮挡的右腿颜色较深，外露的左腿颜色较浅。

05 用钴蓝色绘制眼珠，留出高光以表现眼睛的神采。勾勒出上下眼睑、睫毛和眉毛。用朱红色加水绘制嘴唇，再调和少许深红色和黑色勾勒唇中缝。用佩恩灰调和少许水分绘制头发。头部整体呈现出球体的体积，头顶有明显的受光面，顺着头发的走向勾勒出发丝的细节。

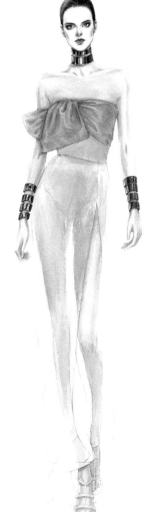

07 用有覆盖力的白墨水为金属饰品添加高光，再调和少量中黄来提亮反光。用那不勒斯黄调和大量水分铺出蝴蝶结的底色，在颜色未干的时候直接用大红色叠色，让两种颜色在纸面上自然融合，形成更为丰富的变化。

06 绘制金属的配饰。先用饱和度较高的中黄色绘制金属的固有色，再调和土黄色及赭石色绘制暗部，加少量黑色绘制明暗交界线。手环的颜色受到周围环境色的影响，可以用中黄色加少量橄榄绿来绘制环境色。

08 调和少量紫红色，绘制出褶皱的暗面和投影，整理出褶皱的形态。丝绒面料褶皱的立体感强，形成的投影面积较大，一定要在底色半干时进行绘制，与底色之间形成自然的过渡。

09 在上一步颜色的基础上，加入少量的深红色和熟褐色，加重褶皱的投影，使褶皱更为立体。可以适当控干画笔的水分，用干笔轻扫层层加重，这样既能形成颜色的自然过渡，又能表现出丝绒的质感。

11 绘制出裙摆的主要褶皱，尤其是裙摆受腿部运动而形成的褶皱。刻画裙摆侧面开衩的结构，加重后片内侧的阴影部分，拉开前后层次。

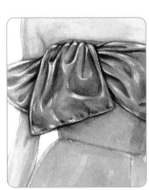

10 用白墨水提亮蝴蝶结褶皱的高光，表现出丝绒的光泽。要用笔尖轻扫，以细小的短线绘制高光，形成丝绒起绒的质感。用茜红色调和少量中黄色，再加入大量水分，绘制出裙摆的底色。颜色一定要调得非常轻薄，能隐约露出腿的形状。顶起的胯部和前面翻折的裙摆要适当留白，可以弱化处理后拖的裙摆，以增强画面的空间感。

12 根据人体对服装的支撑和褶皱的固定方式，绘制出裙摆上的细压褶。细压褶的绘制方式与条纹有些类似，即要根据款式结构和大褶皱的起伏来决定其走向。但是细压褶在人体凸起处（如髋高点）会被撑开，要注意留白；在人体凹陷处（如裆部）会产生堆积，笔触可适当密集，不要像条纹一样绘制得太过均匀。

13 进一步整理裙摆的细压褶并加重阴影，使褶皱的层次更加鲜明。对细压褶的处理要有所取舍，不能破坏裙摆包裹臀部的体积感。用白墨水调和少量的玫红色和大红色，轻扫出细压褶的亮面，并点出亮片的区域。笔上的水分要适当控干，以保证颜色的覆盖力。略微铺出地面的颜色，用于烘托画面。

14 用白墨水点出闪耀的亮片。在裙摆的受光面和褶皱的凸起处，高光亮片更加集中；在暗面和阴影处，高光亮片可以适当少一些。受光面的亮片用点状笔触精细排列，而暗面和后方裙摆的亮片则轻扫带过。这些细节的表现一定要有虚有实，不要绘制成平板一片。

15 绘制鞋子。鞋子也是金属质地，鞋子的前面绘制得细致一些，通过强烈的明暗对比表现金属的光泽感；鞋子的后面绘制得简略一些，与前面的鞋子拉开层次。调整画面的整体关系，完成绘制。

3.7.2 礼服表现作品范例

用马克笔表现
不同风格时装

4.1 用马克笔表现街头休闲风

面对现代社会快节奏生活带来的压力，人们希望在日常着装中更为自由、休闲，由运动装、亚文化街头服装、劳动装甚至家居服混搭而成的休闲服装备受人们的青睐。除了层层套叠、内衣外穿等，一些搭配方式甚至混淆了服装的功能性和季节性，但这并不妨碍人们对自我风格的展现。

4.1.1 街头休闲风表现步骤详解

本案例表现的是一套颇有混搭意味的服装组合，具有工装风格的硬朗牛仔和极具女性妩媚的丝绸衬衣相搭配，再加上复古的南瓜帽和黑网袜，以及带有民族风情的挎包，展现出一派自由、随性的态度。在用马克笔进行绘制时，以简洁、利落的大笔触为主，笔触的转折可以硬朗一些，以表现服装挺括的质感。此外，不要忽略细节的刻画，如服装的接缝线、小配饰等，以增加画面的可看性。

02 在人体动态的基础上绘制出服装的大致轮廓和服装各部件的位置。服装的款式较为宽松，加上牛仔面料较为挺括，在服装和人体之间产生了较大空间，使服装呈现出简洁的方廓形。

04 用浅肤色为面部、颈部及手脚轻铺一层底色。在眉弓、鼻梁、鼻底、双颊、面部与颈部的交界处进行叠色，以表现出面部的立体感。

01 用铅笔起稿，绘制出人体结构及行走动态——左肩轻微下压，髋部向身体左侧抬起，身体重心落在左脚上。右小腿因为向后抬起而产生较明显的透视关系。

03 用小楷笔勾线，绘制服装的边缘轮廓、装饰细节和褶皱起伏。表现服装款式、结构的线条要确定一些，表现工艺细节和褶皱的线条稍微柔和、纤细一些。用肉色的纤维笔勾勒面部、手脚和头发的轮廓，然后将不必要的草稿线擦除。

05 用深一些的肤色叠加出皮肤的暗部。用赭红色加重眼眶的阴影并晕染出眼影，用深褐色勾线笔绘制出眉毛和上眼睑，用黑色勾勒眼眶、鼻孔和唇中缝，用深红色过渡嘴唇深浅变化。用高光笔点出瞳孔和鼻头的高光。

07 发型是较为蓬松的卷发，用棕色沿发丝走向绘制出头发的底色。

06 用深灰色绘制帽子的暗部，留出亮部，再用黑灰色加重暗部阴影。尽管表现的是黑色帽子，但是也要适当留白，以凸显出帽子的体积感。

08 用深棕色进一步整理头发的分组，以表现出头发的层次感。用棕色纤维笔绘制出飞散的发丝，注意表现出卷曲的发型特点。

09 选择浅天蓝色，用方笔头铺出服装的底色，表现出牛仔较为厚实、挺括的质感，在领子、肩头、向前迈的腿部处留白。方笔头的笔触变化较少，可以适当转动笔尖调整笔触的宽窄。

11 再次用钴蓝色对上衣进行叠色以表现褶皱关系，此时笔触要确定，要体现出马克笔利落、潇洒的特点。

10 选择浅钴蓝色，用软笔尖绘制服装的暗部并整理褶皱关系。通过控制行笔速度和按压笔尖的力度来调整笔触的形状，以便和底色形成较为自然的过渡，从而表现出服装的体积感。

12 用同样的方法加强裤子的明暗对比，刻画褶皱的形态。尤其是裆部拉伸的褶皱的形态和抬起的右小腿的阴影面，需要重点强调。

13 用浅卡其色绘制出包带，再用黑色纤维笔勾勒出包带上的图案。用黑灰色绘制鞋子，用确定的笔触绘制出前面鞋子的正面和顶面，后面的鞋子在平铺底色后用高光笔勾勒出转折面。

14 用浅天蓝色绘制内搭的衬衫，处理好领口蝴蝶结的交叠关系。用冷灰色绘制出脚面丝袜的底色，再用纤维笔勾勒出丝袜菱形的网纱纹理。

15 以线条的形式用高光笔绘制出服装的高光和牛仔因为明线工艺而产生的碎褶。用深红色绘制背景以烘托人物。背景的笔触要与人物的轮廓基本契合，要通过笔锋的转折形成笔触的变化，但背景的笔触又不能过于抢眼，不破坏画面的整体感。修饰细节，完成绘制。

4.1.2 街头休闲风作品范例

4.2 用马克笔表现都市白领风

　　白领的职场服装一般以简洁、大方的款式为主，色彩比较雅致，单品之间的搭配比较舒适。虽然西服套装和套裙仍然被看作办公室着装的典范，但如今的白领装束早已不局限于此。流行的款式、新潮的面料和精心修饰的细节，一一展现出当代职场女性既具有专业素质又极具审美修养的风貌。

4.2.1 都市白领风表现步骤详解

　　本案例表现的是一款装饰性的印花风衣，原本简洁、利落的经典风衣款式与柔软的丝绸印花面料相搭配，形成既典雅大方又极具艺术感的效果。在绘制时，表现服装褶皱的笔触确定而灵活，表现印花图案中毛发的笔触有序又有变化，表现风衣面料纹理的笔触纤细而轻松，表现背景的飞白笔触概括而潇洒，充分体现了马克笔笔触的多变性。

02　绘制出五官和发型的大致轮廓及服装的款式。虽然本案例表现的是一款较为宽松的风衣，但因为腰部的系扎结构和丝绸的垂坠感，下半身的服装基本贴合人体。

04　绘制皮肤、五官和头发。在绘制面部时，笔触的形状要尽量准确地表现出面部的结构。用纤维笔勾勒眉毛和五官轮廓，并点出瞳孔。绘制头发时，也要通过笔触的宽窄变化来整理头发的层次。用高光笔点出瞳孔、鼻尖和嘴唇的高光。

01　用铅笔绘制模特行走的动态。模特的上身基本直立，但胯部摆动较大，女性的身体曲线较为明显，要特别注意人体重心的稳定。右小腿因为向后抬起而产生较明显的透视效果，在绘制时要注意结构的准确性。

03　整理线稿，用橡皮小心地将不必要的辅助线擦除，以避免辅助线影响后期的着色。用肉色的纤维笔勾勒面部五官、手脚及头发的外轮廓。

05 用浅蓝灰色绘制风衣的底色，再用深冷灰色整理出褶皱的形状，肩头和领面的受光面适当留白。用黄灰色绘制拼接的部分。在领口边缘、肩章侧面等结构转折处和褶皱的凸起处，用高光笔以线性笔触勾勒出高光。

07 衣摆上的图案属于定位印花，这类印花图案在服装上的位置相对讲究、精确。可以先用铅笔绘制出图案的轮廓，图案要根据褶皱的起伏而产生相应的错位。

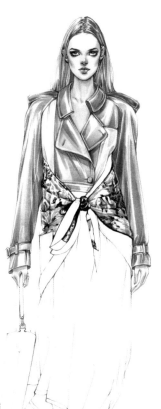

06 用与上一步同样的浅蓝灰色绘制腰部丝巾的底色，再用马克笔的软头笔尖勾勒出深暖灰色和黑色的印花图案，通过按压笔尖表现出笔触的变化。

08 用浅灰色绘制拼接丝巾，但由于底色为白色，因此需要大量留白。用笔尖轻扫形成纤细的笔触，通过排列笔触表现出图案中的皮草质感。笔触的排列要具有一定的方向性，在统一中又要有适当的变化，同时笔触之间的衔接要自然。

09 绘制手包，手包主体采用简练、概括的笔触，与包带上精致的图案形成对比。用高光笔以虚线的形式绘制出缝纫明线，以增添手包的细节。

10 用软头笔尖横扫添加风衣的纹理，注意纹理要附着在服装上。完成鞋子等配饰的绘制。通过斜压笔尖使笔触产生一侧重一侧轻的飞白效果，用来绘制背景，从而增加画面的艺术效果。

4.2.2 都市白领风作品范例

4.3 用马克笔表现魅力复古风

近几年，无论是 T 台还是街头都掀起了一股 Vintage style（复古风格）。那些经典的、带有历史浪漫气息的、永不过时的服装就像是对旧日时光的礼赞，像经过时间发酵的美酒般历久弥香。但是，复古风格并不是一成不变地模拟过去，而是要融入当下的特色和时代风貌。在表现这种风格时，一定要找到传统和现代的交汇点。

4.3.1 魅力复古风表现步骤详解

本案例将20世纪50年代的New look风格与20世纪80年代的"权力套装"风格结合起来，展现出女性强势与妩媚并存的气质。但本案例并没有采用传统的服装造型，而是将上衣平面化处理作为装饰，增添了设计的幽默感和艺术性，充分体现出设计师的巧思。在绘制时，装饰西服的绸缎面料质地细密，具有较强的光泽感，与层叠轻薄的纱裙形成对比，两者在笔触上要有变化，以突出这种材质对比的趣味性。

02 绘制服装的大致轮廓。上半身的装饰性西装质地较为挺括，可以平面化处理，不需要与人体结构产生太大的关系。下半身的纱裙褶皱繁多，异形的下摆使褶皱的变化更为丰富，在绘制时首先要注意向前迈的左腿对纱裙褶皱的影响，再整理出纱裙层叠的关系。

04 绘制肤色。先用浅肤色平铺出底色，再用深一些的肤色叠加皮肤的暗部颜色，以表现出五官和手臂的立体感。绘制出刘海在额头上的投影、下颌在颈部的投影，以及上衣在皮肤上的投影。

01 用铅笔起稿，绘制模特的造型。模特的曲线明显，双手放在腰间，气场较为强势，在绘制时要注意透视准确、重心稳定。

03 擦除辅助线，用针管笔勾线，将线稿整理干净，以便于后期着色。用小楷笔整理头发的层次：头顶和刘海的受光面要留白，要表现出头部球体的体积感和齐刘海的厚重感；披散的长发通过用笔的粗细和疏密的变化，整理出前后的层次。

 用红棕色再次叠加眼窝、上下眼睑、鼻底及唇沟的投影，以增加五官的立体感。小心地绘制眼睛和嘴唇的细节。用小楷笔整理头发的层次，再根据发丝的走向用冷灰色马克笔添加中间色调，头顶和刘海要保留高光。

 用浅珊瑚红色进行叠色，在运笔过程中要控制好手上的力度，通过逐渐减轻力度使笔触收尖消失，与上一步绘制的颜色形成柔和的过渡。

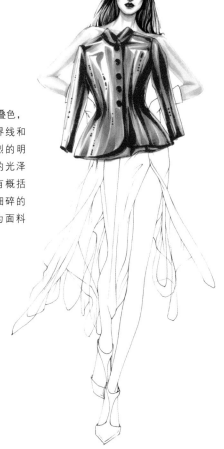

06 用浅珊瑚红色绘制上衣的底色。上衣为平面结构，笔触可以排列得整齐一些。但上衣采用了丝绸材质，有比较强的光泽，因此，即便是平面的结构，也要尽量留出高光。

08 用深珊瑚红色叠色，绘制服装的明暗交界线和暗部，通过较为强烈的明暗对比来表现丝绸的光泽感。点状的笔触具有概括性，可表现面料上细碎的褶皱，也可表现因为面料闪光而产生的光斑。

09 用深红色的纤维笔强调上衣的款式结构。用高光笔提亮上衣的高光。大面积的高光用留白表现，高光笔所绘制的笔触起补充和完善的作用。线性的笔触可以再次强调领口、门襟、底摆、袖窿、省道等结构，点状的笔触则用于表现因为细小褶皱而产生的光斑。

11 用深一些的蓝灰色叠加纱裙的暗部和褶皱的投影，并加重上衣对纱裙的投影和腿部对后侧纱裙的投影。单层的薄纱颜色浅，褶皱叠加的层次越多，颜色就越深，仔细整理褶皱的层叠关系才能表现出薄纱的透明感。

10 用浅蓝灰色绘制纱裙的底色。纱裙容易形成细长的褶皱，受到动态的影响还会产生翻折，这增加了绘制的难度，因此，一定要根据褶皱的走向来用笔。

12 用深灰色进一步强调褶皱的投影。外侧飞散的笔触增加了画面的律动感，但这些笔触要符合纱裙的整体形态，在增添细节的同时不能破坏整体关系。

13 用深灰色绘制丝袜的底色，再用黑色加重暗部，用笔一定要有轻重变化，收笔时笔触要收尖消失，以形成较为自然的过渡，表现出腿部圆柱体的体积。绘制手套和鞋等配饰。手套和鞋都采用了皮革材质，都具有一定的光泽感：手套褶皱较多，要注意表现出褶皱阴影区域的形状变化；鞋子的皮革表面光滑，可以重点强调明暗交界线。

14 用高光笔以线条的形式再次整理纱裙：一方面添加褶皱的高光，高光不宜过多，一定要根据褶皱的起伏来绘制，以避免高光的笔触过于散乱；另一方面适当整理纱裙的边缘，以强调纱裙的结构。用宽头马克笔绘制地面的笔触，用于烘托画面。整理画面的细节，完成绘制。

4.3.2 魅力复古风作品范例

4.4 用马克笔表现多元民族风

不同的地域、风俗和文化传承，使得民族服饰呈现出无与伦比的多样性，提供给设计师源源不断的设计灵感。与复古风格一样，民族风也并非原封不动地照搬，而是将民族元素融合到现代服装的设计中去。无论是醒目的撞色，充满象征意义的图案，还是直线型的剪裁或手工感的面料肌理，这些传统元素经过设计师的巧妙演绎，焕发出全新的生机。

4.4.1 多元民族风表现步骤详解

在当今的时装设计中，民族风呈现出前所未有的融合性。鲜明的民族风有时会带来过于繁复、戏剧化的视觉效果。为了适应现代化的工作生活，将民族风巧妙地应用于成衣，在细节处进行点缀，既能满足现代审美的需求，又能展现出独特的艺术魅力。本案例的服装整体偏成衣，只在细节之处进行装饰：略显夸张的编织感流苏披肩有着粗犷的部落感，小面积的印花抹胸带着印第安民族的风情，腰部装饰的多层串珠链则是波西米亚风格，这种多元化的搭配使简约的设计中充满了耐人寻味的细节。

01 先确定出人体结构比例及动态，人物处于行走状态，左手插兜右手拎包，胯部向左顶出，重心落于左脚。注意左手臂和右小腿产生的透视变化，用平滑的线条概括出四肢的形态。

02 绘制出服装的大致轮廓。上衣左侧为裹胸样式贴合身体，右侧为披肩样式装饰有流苏。宽松的裤装和人体之间有较大空间，左腿因为前迈形成了纵长的拉伸褶，右小腿因为抬起在膝盖处形成了大量的堆积褶。手包表现出立方体的体积感。

03 用小楷笔勾线，用确定的线条表现服装的边缘轮廓、装饰细节和褶皱起伏。线条要有相应的变化：流苏的线条要有鲜明的粗细变化，表现出堆积的层次感；长裤的线条转折硬朗，表现出面料厚实的质地。用肉色纤维笔勾勒面部、皮肤和手包的线条，整理出干净的线稿。

04 用浅肤色轻铺一层皮肤的底色，然后用较深肤色叠加暗部，表现出面部和身体的立体感。用纤维笔配合马克笔绘制五官细节，表现出面部神采。用不同深浅的冷灰色绘制头发，头顶高光处留白，通过笔触的叠加变化来表现头发的层次感。

05 用浅钴蓝色绘制披肩的底色。根据面料褶皱的起伏来用笔：脖颈处采用弧线形笔触，用笔时留出高光；肩部采用平行排列的笔触，表现出大面积的平面；流苏的笔触灵动跳跃，在把握大方向的基础上笔触要有穿插。

06 用普蓝色绘制披肩的暗部并加深褶皱和流苏的阴影，体现出褶皱的立体感及流苏的层次感。用细碎的小笔触排列成行，表现出面料的肌理感。流苏上边缘的饰品要表现出球体的体积感。绘制左侧裹胸，小面积的印花面料由多色叠压而成。

07 用浅黄色大面积铺出裤子的底色，再叠加中黄色表现出裤子的体积感。绘制时速度要快，在底色未干时就叠加较深的颜色，使两种颜色形成自然的过渡。用大红色绘制手包，面与面之间的转折较为硬朗，体现出立方体的体积感。

08 用土黄色进一步加重裤子的暗部并整理出褶皱的形态。通过控制行笔的速度并在收笔时转动笔尖角度来调整笔触形状，表现出褶皱从凸起到逐渐消失的状态。

09 用深红色加深手包的阴影死角处，进一步突显手包的结构。绘制鞋、珠串腰带等饰品。用细硬笔尖的高光笔绘制出流畅的线性笔触，表现长褶皱和流苏的高光；用短笔触和点状笔触表现披肩织物肌理和饰品的高光。最后用宽头马克笔快速行笔，用飞白的笔触绘制背景，烘托画面，完成绘制。

4.4.2 多元民族风作品范例

4.5 用马克笔表现未来科技风

随着科学技术的发展和时尚流行的快速更迭，很多设计师已经不满足当下的社会生活和日常审美，而是更加积极地展望未来。展现未来风格主要有两种方式：一是对服装结构的探讨和突破，使服装呈现出不同以往的新颖造型；二是很多非传统意义的服装面料被越来越多地应用于设计作品，这些新型材料具有特殊的功能性或独特的视觉效果，设计师们借助这些材料将以前只存在于想象和影视作品中的服装带到了现实生活中。

4.5.1 未来科技风表现步骤详解

近几年，PVC材质越来越轻薄、柔软，并具有不同的色彩和透明度，工艺的进步也使得这种材质可以被批量化加工，因而受到设计师们的广泛喜爱。本案例中表现的是一款廓形宽松的PVC外套，在表现时具有一定的难度，要注意以下几点：其一，要表现出PVC材质不同于其他材质的硬挺感；其二，要表现出PVC材质强烈的光泽感；其三，通过对底层服装的透叠，要表现出PVC材质的透明感。

01 用铅笔绘制出人体，人体肩部的动态较大，臀部的动态较小，在摆动手臂时肘关节的方向应该向外，远离身体，要表现出男性的动态特征。

02 绘制出服装的大致廓形和款式特点，因为材料的透明性，内层服装被清晰地透露出来，要分清内、外两层服装的关系。

03 用小楷笔对线稿进行整理，PVC材质较为硬挺，线条的勾勒要有力。可以用线条区分内、外层服装：外层服装用笔明确，转折处要干脆；内层透出来的服装线条纤细一些，若隐若现。用浅棕色勾线笔勾勒五官和皮肤。

04 用不同深浅色号的肤色绘制出面部。与女性相比，男性的面部更加强调眉弓和鼻子的立体感。因为发型的缘故，头发在额头和脸颊上有较为浓重的投影。用黑色勾勒出眉毛、眼眶和唇中缝，线条的转折要硬朗一些。

06 用蓝灰色绘制整套服装颜色最深、款式特征最为明显的外层风衣的领子、肩部搭片、门襟和身侧的拼接结构，尤其要注意门襟交叠部分的前后关系。通过笔触的按压，表现出领面上褶皱的变化。

05 用蓝灰色和黑灰色整理出头发的层次。发梢虽然卷曲、蓬松，但头顶的头发较为柔顺，在绘制时要体现出头部球体形状的体积感。发梢用笔要注意归纳，既要有粗细和方向上的变化，又不能过于凌乱。

07 用更深的冷灰色进一步加重服装的结构转折和褶皱阴影等部位。通过强烈的明暗对比，表现黑色PVC材质的光泽感。

08 用纵向排列的长笔触铺出服装的主体色彩，能够表现出PVC材质挺括的质感。每条笔触都应该有宽窄和形状上的变化，将高光部位留白。

10 用更深一些的棕褐色再次加重阴影的部位，以增强立体感。添加一些细小的褶皱，以丰富画面的层次。因为双层服装交叠的缘故，褶皱的用笔要与服装的结构大致保持一致，一定要整理清楚较为关键的透叠部位（如门襟、腰带、下摆等处）的层次。

09 用深一些的棕黄色整理出大的褶皱的形态，加重服装结构转折处的阴影，进一步塑造出服装的体积感。

11 用不同程度的冷灰色绘制出皮鞋。皮革材质同样有较强的光泽，因此，笔触的形状要确定，暗部和高光的边缘要较为明确。

12 用高光笔绘制出PVC材质的高光。高光分为两种形式：一是褶皱的亮面，用笔要柔和一些；二是面料的光泽，高光的形状清晰，用笔要明确。高光点的排列既要有大小、形状、疏密的变化，又要有一定的规律，不要破坏服装的整体关系和层次。用宽头马克笔的大笔触铺出背景以烘托画面，完成绘制。

4.5.2 未来科技风作品范例

4.6 用马克笔表现超大宽松风

近几年，Oversize 风格大有愈演愈烈之势。Oversize 具有两种含义：一是穿着比自己合适的尺码要大几码的服装，二是选择造型极为夸张的服装。这种在以前被认为不合身的超大、超宽松的服饰，如今被认为是一种展现与众不同的特定风格，引领流行的设计师和不走寻常路的时尚潮人们纷纷以此造型来展现对时尚的态度，形成了一股时尚旋风。

4.6.1 超大宽松风表现步骤详解

任何服装款式都可以表现出Oversize风格，但最具视觉冲击力的非羽绒服莫属——添加了填充物的膨胀造型将人体遮挡在其中，显得既温暖舒适又慵懒随性。Oversize也要讲究搭配的方式，如果一味地宽松、膨胀，就会显得臃肿、堆砌。本案例选择将超大羽绒服与紧身印花裤进行搭配。米白色的羽绒服面积虽大，却如云朵般蓬松、轻柔，在绘制时可以进一步夸张其造型，与紧身裤形成对比，以增强画面的视觉感染力。

  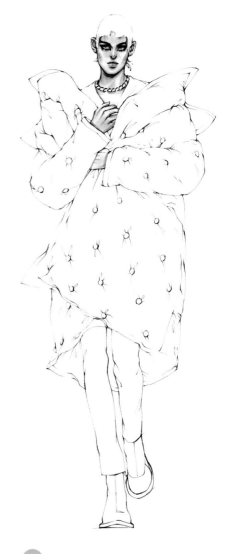

01 用彩色自动铅笔起稿。虽然人体基本被羽绒服遮盖，但是男性的肩宽还是对服装有明显的支撑，臀部摆动的方向也影响了羽绒服下摆的倾斜方向。重心的稳定依然是起稿时必须关注的重点。

02 用棕色的小楷笔勾线，将线稿整理干净。作为主体的羽绒服是很浅的米白色，用棕色勾线可以使画面更为柔和。

03 男性的肤色较深，可以用比女性深一些的肤色打底，再用更深一些的肤色绘制皮肤的暗部和阴影。面部的妆容具有夸张的戏剧性，用针管笔细致地绘制出眉形和眼线，再用高光笔绘制出鼻尖、嘴唇和眼角的高光。

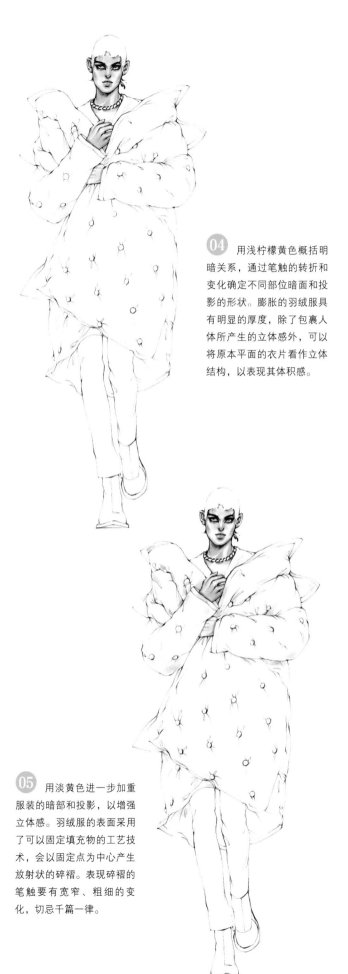

04 用浅柠檬黄色概括明暗关系，通过笔触的转折和变化确定不同部位暗面和投影的形状。膨胀的羽绒服具有明显的厚度，除了包裹人体所产生的立体感外，可以将原本平面的衣片看作立体结构，以表现其体积感。

06 用中黄色绘制羽绒服上的钉扣并强调人体和褶皱的投影，可以再次用浅柠檬黄色对暗部进行过渡。羽绒服的固有色为米白色，需要大量留白以保证固有色，暗部和阴影的颜色既要有层次的变化又不能太深、太重。

05 用淡黄色进一步加重服装的暗部和投影，以增强立体感。羽绒服的表面采用了可以固定填充物的工艺技术，会以固定点为中心产生放射状的碎褶。表现碎褶的笔触要有宽窄、粗细的变化，切忌千篇一律。

07 绘制肩、颈处露出的内搭服装和项链。用铬黄色绘制金属项链的固有色，用深棕色点绘出阴影，要预留出高光。

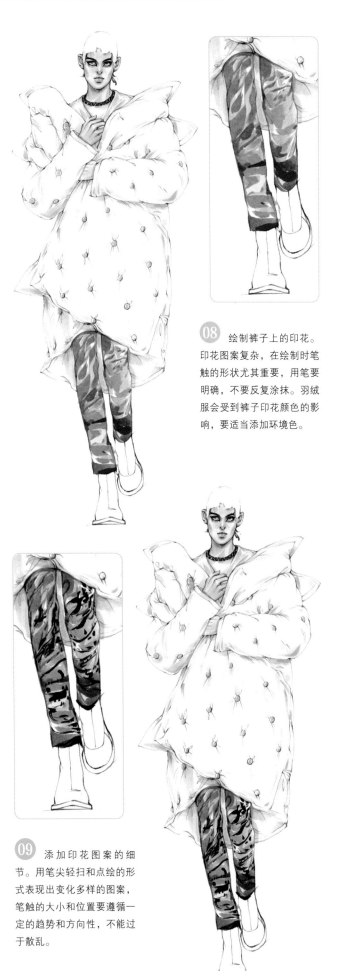

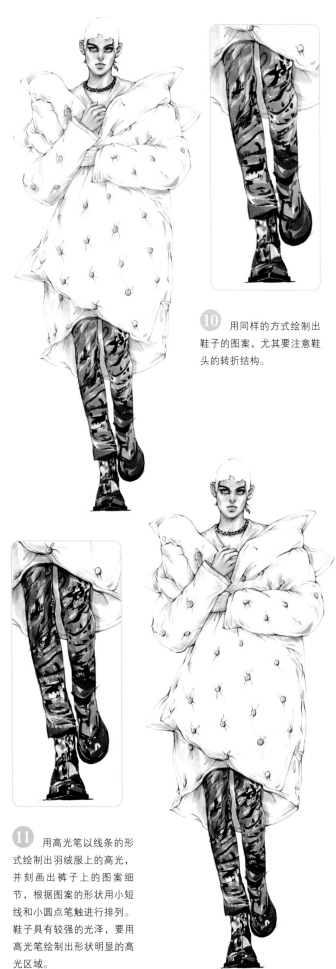

08 绘制裤子上的印花。印花图案复杂，在绘制时笔触的形状尤其重要，用笔要明确，不要反复涂抹。羽绒服会受到裤子印花颜色的影响，要适当添加环境色。

09 添加印花图案的细节。用笔尖轻扫和点绘的形式表现出变化多样的图案，笔触的大小和位置要遵循一定的趋势和方向性，不能过于散乱。

10 用同样的方式绘制出鞋子的图案，尤其要注意鞋头的转折结构。

11 用高光笔以线条的形式绘制出羽绒服上的高光，并刻画出裤子上的图案细节，根据图案的形状用小短线和小圆点笔触进行排列。鞋子具有较强的光泽，要用高光笔绘制出形状明显的高光区域。

12 使用宽头马克笔绘制背景。通过调整马克笔的笔尖角度，以多变的笔触快速地用笔，形成飞白效果，以增添画面的艺术观赏性，并烘托画面氛围，完成绘制。

4.6.2 超大宽松风作品范例

4.7 用马克笔表现唯美浪漫风

尽管当代审美越来越多元化，但唯美浪漫风一直在时尚界经久不衰，不论是老牌的 Dior、Jean Paul Gaultier，还是后来崛起的 Elie Saab、Zuhair Murad，都孜孜不倦地发布唯美浪漫风格的服饰，因为这类风格往往代表着时尚的金字塔尖：最细致精湛的工艺、最华贵繁复的装饰、最巧妙复杂的结构。可以说，唯美浪漫风格就是时尚界的造梦运动，反映着人们对美的终极追求。

4.7.1 唯美浪漫风表现步骤详解

本案表现的是一款由薄纱、蕾丝和立体花组成晚礼裙。薄纱的轻柔飘逸、蕾丝的精致华丽以及立体花的复杂精巧，都是构成唯美浪漫风格的典型元素。画面的细节较多，层次丰富，难点在于对薄纱半透明质感及繁复细褶的表现。柔软头马克笔与传统方硬头马克笔相比，具有更好的色彩融合性能，其弹性笔尖可以使笔触变化更加丰富，可以较好地解决这一难点。雅致的色泽、柔和的色彩过渡以及细腻的笔触能更好地衬托画面，营造出浪漫优雅的氛围。

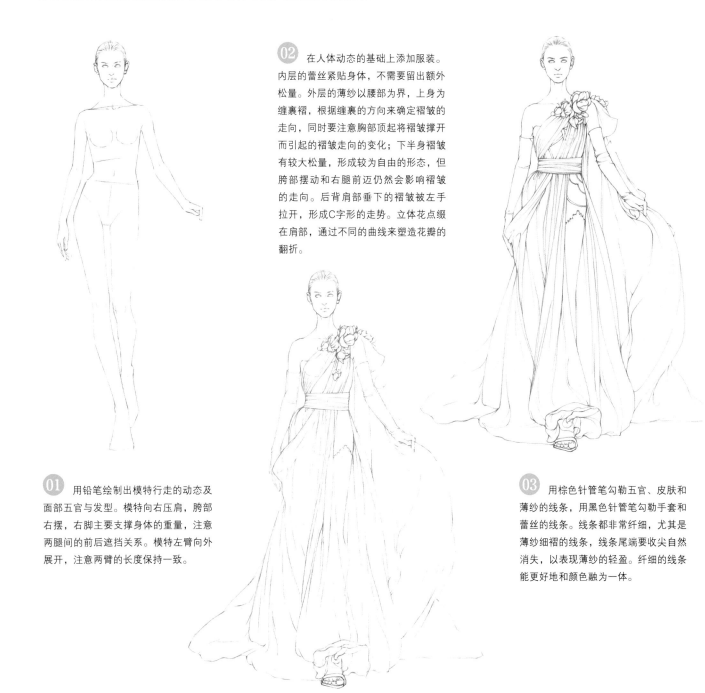

02 在人体动态的基础上添加服装。内层的蕾丝紧贴身体，不需要留出额外松量。外层的薄纱以腰部为界，上身为缠裹褶，根据缠裹的方向来确定褶皱的走向，同时要注意胸部顶起将褶皱撑开而引起的褶皱走向的变化；下半身褶皱有较大松量，形成较为自由的形态，但胯部摆动和右腿前迈仍然会影响褶皱的走向。后背肩部垂下的褶皱被左手拉开，形成C字形的走势。立体花点缀在肩部，通过不同的曲线来塑造花瓣的翻折。

01 用铅笔绘制出模特行走的动态及面部五官与发型。模特向右压肩，胯部右摆，右脚主要支撑身体的重量，注意两腿间的前后遮挡关系。模特左臂向外展开，注意两臂的长度保持一致。

03 用棕色针管笔勾勒五官、皮肤和薄纱的线条，用黑色针管笔勾勒手套和蕾丝的线条。线条都非常纤细，尤其是薄纱细褶的线条，线条尾端要收尖自然消失，以表现薄纱的轻盈。纤细的线条能更好地和颜色融为一体。

04 绘制皮肤和五官，塑造出立体感。发型也要体现出头发包裹着头部的状态。用饱和度较低的浅紫红色平铺出蕾丝面料的底色。

06 在褶皱的暗部和阴影处叠加浅紫红色，增加褶皱的层次感，收笔时笔触要收尖，使笔触与底色更自然地融合。用浅蓝紫色添加环境色，丰富色彩变化。前胸部被薄纱遮挡的蕾丝底色要浅一些，若隐若现。

05 用浅黄色绘制出纱裙的大致明暗关系，身体两侧、两腿中间、立体花的投影处及底摆堆叠等处加深，胸高点、褶皱凸起处以及单层薄纱处留白。再通过笔触的变化整理出褶皱的走向和形态变化。

07 蕾丝要处理好图案的主次疏密关系，外露的蕾丝图案刻画精细，被薄纱遮挡的蕾丝图案简略一些，颜色也浅一些。立体花要耐心整理花瓣的上下内外层次。长手套要和手臂一样，表现出圆柱体的体积感。

08 用高光笔以线条的形式为薄纱的褶皱添加高光，让薄纱显得更加轻盈飘逸。立体花、手套及鞋子的高光形状较为明确，与薄纱形成"虚实"对比。整理画面细节，完成绘制。

4.7.2 唯美浪漫风作品范例

4.8 用马克笔表现都市风双人组合

双人组合时装画有很强的应用性：要么是应用于相同环境、相同场合的服装，要么是同一产品线的系列服装。这些服装风格类似或相近，便于搭配。都市风的双人组合服装，通常以基本款的职业装为基调，在此基础上融合其他风格的款式变化及装饰元素，使制式化的职业装呈现出更加多变的面貌，既能够符合职场的礼仪，展现着装者的专业素养，又能体现出着装者与众不同的审美品位。

4.8.1 都市风双人组合表现步骤详解

案例表现的是一组男女组合的西服套装，西服带有明显的礼服元素：男西服套装接近于双排扣戗驳领的经典董事套装形制，只是添加了装饰缎带，内里搭配了休闲的高领毛衣；女装就显得更加自由，在领型、袖型上都有较大改变，增添了装饰披肩和繁复的装饰珠宝，面料也采用了华丽的钉珠装饰，但搭配的休闲鞋能和男装的毛衣相呼应。很多初学者往往有一个误区，会用相同的面料、装饰元素等来设计双人组合的服装，视觉效果显得过于雷同。其实，只要搭配得当，双人组合的服装可以使用不同的元素，只要在风格上形成统一的视觉印象即可。

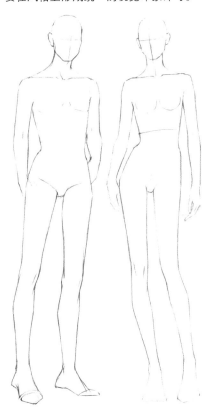

02 在人体的基础上绘制五官、发型与服装。男性模特身体略微向左侧转，服装要以侧转后的人体中线左右对称，尤其是领子和门襟双排扣的位置，要与侧转后的人体透视相符合。女性模特的服装基本保持正面，但要注意服装和人体间的遮挡关系。用浅棕色针管笔对头部及皮肤部分勾线，用小楷笔对服装勾线，整理出干净的线稿。

01 先确定人物的姿态及位置关系。在绘制时，要展现出男女体型的不同特点：男性站姿挺拔，体型呈现出宽肩窄臀的倒三角形，两腿基本平均分摊了身体的重量，臀部摆动非常小；女性体态婀娜，模特向右压肩，向右抬胯，重心落在右脚上，身体的曲线感明显。在绘制时还要注意男性双手插兜，手臂会产生相应的透视变化。

03 给皮肤上色并绘制五官细节。男性五官更立体，重点强调眉弓、鼻梁和颧骨的转折，绘制时笔触干脆利落；女性五官较为柔和，重点刻画眼睛与嘴唇，绘制时色彩的过渡要柔和。

04 用浅黄色铺出头发的底色，再用冷灰色梳理层次感。男性微卷的短发较为蓬松，以头顶的发旋为中心向四周散开，形态相对自由；女性的发型在头顶处贴合头部，披散的长发要整理发绺的走向和叠压关系。

06 用较深的蓝灰色加深男装的暗部及褶皱的阴影，用紫灰色叠加装饰缎带的暗面，通过清晰确定的笔触来表现强烈的明暗对比。女装暗部叠加稍深的紫灰色，再用紫红和深紫叠色绘制珠宝和钉珠的底色。

05 大面积铺出服装的底色。男女装都以浅紫灰色打底，初步表现出服装的体积感及褶皱的走向。男装将浅紫色作为环境色，再叠加浅蓝灰作为固有色。男装要留出形状清晰的高光区域，以表现绸缎的光泽感。

07 男装用不同深浅的冷灰色绘制配饰，鞋子要表现出光泽感。女装用深紫红色强调服装的明暗交界线，加深阴影死角，增加面料的光泽感。珠宝和钉珠用深冷灰色绘制出点状笔触，进一步拉大明暗对比度。

08 用有覆盖力的白墨水提亮高光，尤其是女装上珠宝和钉珠的部位，高光点较为集中。得益于深色底色的衬托，强烈的明暗对比表现出珠宝亮片闪亮的璀璨效果。最后用红色笔触沿人体和服装的外轮廓绘制背景，烘托画面氛围。

4.8.2 都市风双人组合作品范例

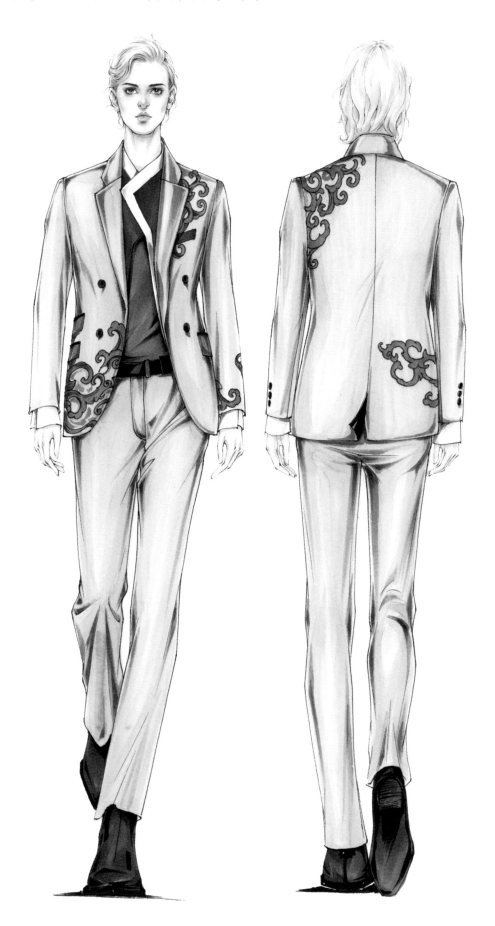

4.9 用马克笔表现休闲风双人组合

　　与职业装相比，休闲装的款式更为多变，细节更加琐碎，尤其是在表现双人组合时，画面更为复杂。因此，绘制休闲风的双人组合，在起稿时就要做到尽量准确，从人体的比例、动态，服装的廓形、松量，到人体和服装间的遮挡关系及搭配的配件饰品等，在绘制时要一步步梳理清楚，避免后期修改的麻烦。与职业装相比，休闲装呈现出更多元化的视觉效果，人物间的动态组合也可以更随意、更生动，画面可以营造出更轻松自由的氛围。

4.9.1 休闲风双人组合表现步骤详解

　　案例表现的是一款宽松休闲装的正背面双人组合。上衣的款式初看较为简单，但耐心分析后会发现其结构较为复杂，是一件由背带固定的内外双层结构外衣，外层的装饰结构为不规则造型，再加上内搭和下装，形成多层套叠的效果。本案例在服装面料、材质及图案上均不复杂，重点就在于理清服装的结构与层次。在绘制正背面双人组合时，一定要遵循的原则是服装正面的款式结构应和背面的款式结构保持一致。以本案例为例：上衣外层的装饰结构前短后长，从正面看服装后片的形状要和从背面看上去一致；肩带左侧在身前，右侧在身后，这在绘制正背面时也要保持一致。此外，人物的发型和配饰在正背面表现时通常一致，但是动态则可以一致也可以不同，根据画面表现的具体需求来决定。

01 用彩色自动铅笔起稿。先绘制人体动态，背面动态与正面动态在结构上有所不同，但在体块关系与透视规律上并无区别，重点关注抬起的小腿的透视变化以及两脚之间的前后遮挡关系。在人体的基础上绘制服装。上衣较为宽松，不论是兜帽、袖，还是衣身与下摆，都要与人体留有足够的空间，只在腰部紧贴人体。外层的装饰结构是独立的造型，在身后拼接围向前侧，由肩带固定。背面将模特披散的长发偏向一侧，突显上衣的兜帽结构。

02 用棕色针管笔勾勒人物的线条，用小楷笔勾勒服装的线条。服装的材质较为挺括，采用粗细变化较为明显的线条来绘制，表现出褶皱的起伏。服饰上琐碎的配件及工艺细节，也可以由黑色针管笔来绘制，如抽绳、拉锁头、明线等。将不需要的辅助线擦除干净，留下整洁的线稿以备着色。

04 绘制皮肤和五官。用深浅不同的肤色塑造面部及四肢的立体感，五官的细节如上下眼睑、睫毛、眉毛、唇中缝等可以用针管笔进行勾勒。用浅黄色铺出头发的底色，受光部分适当留白。

06 用浅粉绿铺出上衣的底色，高光处留白，初步塑造出服装的体积感。调整行笔的力度和笔尖的角度，用不同形状的笔触绘制褶皱的形态。腰部和下摆细碎的褶皱要有取舍，不能破坏服装整体的体积感。

05 用中黄色区分出头发的大层次及主要的发绺走向，塑造出头顶部分球体的体积感，正面的发型要加重面部和脖颈后的大面积阴影区域。然后用棕黄色沿发绺走向用笔，加重发卷的暗部，强调波浪的起伏。

07 用深粉绿加重上衣的暗部和褶皱的投影，丰富层次变化。上衣的面料会产生很多碎褶，在绘制线稿时不用全部勾勒出来，在着色时通过笔尖的按压产生不同的笔触形状，将其表现出来即可。

07 用浅钴蓝色绘制外层装饰结构。由于使用肩带固定，外层结构为鲜明的悬垂褶形态，每个大褶皱都呈现出独立的圆锥体体积感。顺着褶皱的走向用笔，亮部留白。用棕黄色和桔黄色绘制出内搭的格纹。

09 绘制鞋袜等配饰。鞋子在绘制底色时适当留白高光，再用明确的笔触强调鞋头、鞋帮、鞋底等处的转折面。袜子用排列的细短线表现出针织的质感。

08 用冷灰色加深褶皱的暗部及转折面，通过明确的笔触形状表现出褶皱的大小与走向。正面两腿间的阴影区域及人体在服装后片内侧的投影也要加重。用天蓝色叠加环境色，表现出面料光滑的质感。

10 用高光笔勾勒出高光线条。头发上的高光线条表现出散碎的发丝，体现出发丝的飘逸感，让发型更加生动。服装上的高光线条根据褶皱的走向用笔，进一步强调褶皱的体积感。

11 绘制上衣的图案。通过笔触的变化，以点线面结合的方式来绘制图案，使图案显得生动自然。注意图案的位置和形状，在服装的正背面要能够衔接。调整画面细节，完成绘制。

4.9.2 休闲风双人组合作品范例

附录 时装画临摹范例